Alexander Mütze

Das Potential erneuerbarer Energien der MENA-Region und der mögliche Nutzen für Europa

Schwerpunkt Solarenergie

GRIN Verlag

Bibliografische Information der Deutschen Nationalbibliothek:

Die Deutsche Bibliothek verzeichnet diese Publikation in der Deutschen National-
bibliografie; detaillierte bibliografische Daten sind im Internet über http://dnb.d-
nb.de/ abrufbar.

Impressum:

Copyright © 2012 GRIN Verlag GmbH
Druck und Bindung: Books on Demand GmbH, Norderstedt Germany
ISBN: 978-3-656-29608-9

Dieses Buch bei GRIN:

http://www.grin.com/de/e-book/201355/das-potential-erneuerbarer-energien-der-
mena-region-und-der-moegliche-nutzen

Alternative Energieversorgung in Deutschland

Das Potential erneuerbarer Energien der MENA-Region
und der mögliche Nutzen für Europa
-
Schwerpunkt Solarenergie

Alexander Mütze

Theodor-Heuss-Gymnasium
Wolfenbüttel
Schuljahr 2011 / 2012

Ausgabetermin des Themas:
01.02.2012

Abgabetermin der Facharbeit:
14.03.2012

Inhaltsverzeichnis

1. Einleitung

Wir schreiben das Jahr 2060. Nachdem der Öl- sowie der Gaspreis exorbitant gestiegen sind und Deutschlands Stromverbrauch in den letzten Jahrzehnten keine negativen Wachstumsraten kannte, bleiben heute Licht und Heizung aus. Ein wenig hat man sich an kurzzeitige Stromausfälle gewöhnt, eigentlich sind sie schon keine Seltenheit mehr. Doch einen tagelangen Ausfall gab es noch nie. Was ist passiert?

Im Anschluss an die Abschaltung der Atomkraftwerke war die Bundesregierung gezwungen, die entstandenen Stromlücken mit dezentralen Anlagen sowie zentralen Öl- und Gaskraftwerken zu füllen und Strom aus dem Ausland zu importieren. Diese Lösung stellte lange Zeit auch kein Problem dar, denn man hatte ja vorgesorgt.
Die Ostsee-Pipeline zu Russland wurde fertiggestellt und man hatte sich um stabile Gaspreise bemüht. Auch wurde ein Konsortium zur Erkundung und Erschließung „neuer" Gasvorkommen in der Nordsee gebildet, was auf große Euphorie stieß.

Lange Zeit ging das gut und dank vieler neuer Kraftwerke hatte man zusätzliche Investitionen in einen Netzausbau vermieden. Erdgas entwickelte sich in den letzten Jahren zum „absoluten und unabkömmlichen" Rohstoff. Alles, was früher mit Öl betrieben wurde, läuft heute mit Gas – so auch Autos – denn nach mehreren Konflikten zwischen den Ölproduzenten, und den USA und Europa, war Öl als Brennstoff nicht weiter tragbar. Alles schien unproblematisch.
Doch, die neu gefundenen Gasvorkommen waren schnell erschöpft.
Und nun kommt seit einer Woche kein Gas mehr durch die Leitungen aus Russland. Und auch in Zukunft wird es wohl keines mehr geben, denn Russlands Gasreserven würden laut eigenen Angaben gerade noch so für den Eigenbedarf reichen, was angesichts des in den letzten Jahren exponentiell gewachsenen Verbrauchs auch keinem Wunder gleicht.

Vor dreißig Jahren priesen sie noch in die Höh': „Gas ist sicher, Gas macht mobil, Gas reicht noch über ein paar hundert Jahre!"
Heute ist das Gasnetz kollabiert.

Protestierende auf den Straßen reden von damaligen ökologischen Auswegen, in die man hätte investieren sollen. Und selbst die vor Jahrzehnten zerschlagene Atomlobby meldet sich wieder zu Wort.

Schon komisch.

Heute wissen sie alles besser, aber damals, genau damals als es darum ging mehr zu bezahlen, um in Zukunft autark leben zu können, da wollten noch alle die hochgelobten, effizienten und hochmodernen Gaskraftwerke. Warum auch nicht? Denn es haben doch auch alle dabei profitiert, jetzt mal abgesehen von der sich damals noch in der Entwicklung befindenden Industrie für erneuerbare Energien. Billiger Strom, Entschädigungen für die Atom-Lobby, was wollte man mehr. Dass erneuerbare Energien in vielen anderen Ländern weiterhin stark gefördert wurden, hat nicht interessiert, und doch sind es diese Länder, die es geschafft haben heute den größten Teil, wenn nicht sogar 100 %, ihres Energiebedarfs mit erneuerbaren Energien zu decken. Diese Länder sind heute nicht mehr abhängig, und diesen Ländern geht es gut.

Es ging um Geld, Geld und abermals Geld.

Heute sitzen wir, die Bürger dieses Landes, aber auch all die schlauen und hochintelligenten Leute von damals im selben Boot. In unseren Häusern ist es kalt, wir frieren und die einzigen Lichtquellen sind meist Kamin und Kerze.

Ob wir demnächst wieder regelmäßig mit Strom und Wärme rechnen können, wissen wir nicht.

In diesem kleinem von mir entworfenem Szenario ist natürlich manches überspitzt dargestellt und doch beruht es auf vielen aktuellen Themen, wie zum Beispiel:

- „Ausbau des Leitungsnetzes stockt: Das Risiko von Stromausfällen wächst".[1]
- „Erdgas-Pipeline durch die Ostsee: Werden wir abhängiger von Russland?"[2]
- „Öko-Strom-Kosten steigen weiter: Erneuerbare Energien: 2013 droht den deutschen Verbrauchern ein dicker Zuschlag für Öko-Strom. Schuld an den steigenden Preisen sind nicht nur teure Techniken wie Photovoltaik, sondern vor allem Privilegien der Industrie."[3]

In dieser Arbeit soll nicht bewertet werden, was falsch und was richtig ist. Im Vordergrund stehen die Möglichkeiten, die es gibt, ein solches Szenario zu verhindern. Diese handeln von erneuerbaren Energien, der Fokus soll auf Solarenergie gerichtet werden. Hierbei sind die Fragen nach dem möglichen Beitrag von Solarenergie zur Stromversorgung, der Technik eines Solarkraftwerkes und der Grundlagen wie zum Beispiel im Bereich der Netzinfrastruktur - aber auch im Bereich der Gesellschaft - von entscheidender Bedeutung.

Die folgenden Untersuchungen werden sich geographisch gesehen auf Europa und die Länder Nordafrikas sowie des Mittleren Ostens konzentrieren.
Ein Schwerpunkt liegt hierbei auf den potentiellen Stromimport aus Nordafrika und dem Mittleren Osten nach Europa.

---

[1] http://www.stern.de/wirtschaft/news/ausbau-des-leitungsnetzes-stockt-das-risiko-von-stromausfaellen-waechst-1646242.html (Zugriff: 12.02.2012 13:15 Uhr)
[2] http://www.focus.de/wissen/wissenschaft/klima/prognosen/tid-24116/erdgas-pipeline-durch-die-ostsee-werden-wir-abhaengiger-von-russland_aid_682281.html (Zugriff: 12.02.2012 13:18 Uhr)
[3] http://www.fr-online.de/energie/strompreise-oeko-strom-kosten-steigen-weiter,1473634,11152858.html (Zugriff: 12.02.2012 13:26 Uhr)

2. Solarenergie

2.1. Die Historie der Solarenergie

Schon in vorchristlicher Zeit wurde sich die Sonne zu Nutzen gemacht. Ein sehr bekanntes Beispiel ist hierfür ein Versuch, den man mit einem Brennspiegel (ggf. auch einer Lupe) und beispielsweise Stroh durchführte. Hier ist es die Bündelung der Sonnenstrahlen auf einen kleinen Punkt, die bewirkt, dass vergleichsweise hohe Temperaturen in diesem sogenannten Brennpunkt erreicht werden können. Je dunkler das sich in dem Brennpunkt befindende Medium ist, desto mehr Energie kann absorbiert werden. Das Stroh beginnt zu qualmen, es kann sich zu einem Feuer entzünden.

Aber auch die Idee, sich die Energie der Sonne (privat-) wirtschaftlich/industriell zu Nutzen zu machen, ist keineswegs neu. Schon um 1700 entwickelte Antoine LaVoisier einen Sonnenofen, der die Schmelztemperatur von Platin erreichte.

Bedeutende Entwicklungsschritte Photovoltaik:[4]

- 1839 entdeckte der französische Forscher Edmond Becquerel den photovoltaischen Effekt zufällig bei einem Experiment mit einer elektrolytischen Zelle.
- 1887 fand Heinrich Hertz heraus, das UV-Licht fähig ist, eine Spannung zu erzeugen.
- 1954 schufen Calvin Fuller, Daryl Chapin und Gerald Person die erste alltagstaugliche Solarzelle.

Bedeutende Entwicklungsschritte Solarthermie:[5]

- Sonnenofen von Antoine LaVoisier um 1700 (siehe oben).
- Der erste Vorläufer heutiger Solarkollektoren wurde 1767 vom Genfer Naturforscher Horace-Bénédict de Saussure entworfen.
- 1891 wurde der erste Warmwasserkollektor in den USA von Clarence Kemp kommerziell vermarktet.
- Die erste solarthermische Anlage wurde 1912 in Ägypten errichtet, ihre Leistung betrug 55 KW.

---

[4] Solargeschichte. Geschichte der Sonnenenergie. http://www.sunrent.de/index.php/umwelt/solargeschichte (Zugriff: 18.02.2012 13:52Uhr)
[5] Geschichte der Solarthermie. http://www.welivit-newenergy.de/wissen/geschichte-der-solarthermie.html (Zugriff: 18.02.2012 13:53Uhr)

Doch war die Nutzung von Sonnenenergie lange Zeit weitgehend unbeachtet. Erst während der „Ölkrise" von 1973 gewann die Idee, Sonnenenergie zu nutzen, zunehmend an gesellschaftlichem und globalem Interesse.

Die Krise hatte zur Folge, dass eine Alternative zu fossilen Brennstoffen gesucht wurde und dass erneuerbare Energien stark gefördert werden sollten. Dies geschah auch kurze Zeit, doch rückte die Kernenergie in den Mittelpunkt der Forschung und des politischen Interesses, denn die Atomtechnik war schon weiter entwickelt und ein baldiger Einsatz war abzusehen. Auch Fakten wie eine große permanente Leistung spielten bei der Unterstützung der Kernkraft eine Rolle. Bis zum Reaktorunglück von Tschernobyl gab es deswegen nur vergleichsweise wenige Subventionen für erneuerbare Energien und somit auch für Solarenergie.[6]

Erst durch die Einführung von Förderungen Anfang der 90er Jahre (1000-Dächer-Programm) und weiteren späteren Förderungen wie dem 100.000-Dächer-Programm (1998-2003) sowie den ab 2004 durch das Erneuerbare Energien Gesetz (EEG) geregelten Vergütungssätzen konnte sich die Solarenergie, z. B. in Form von privat genutzten Photovoltaikanlagen, in Deutschland durchsetzen. Die Entwicklung wurde zusätzlich durch die Nutzung von Photovoltaik-Technik in der Raumfahrt wie auch der stetigen Forschung und Weiterentwicklung stark begünstigt, welche eine deutliche Kostenreduzierung und steigende Wirtschaftlichkeit mit sich trug. Zudem hat in jüngster Zeit die Massenproduktion von Photovoltaikanlagen in China maßgeblich zu einer Kostensenkung beigetragen.[7,8]

---

[6] Riegel. Julia: Die Geschichte der Sonnenenergienutzung. http://www.solarenergie.com/content/view/122/66/ (Zugriff: 18.02.2012 13:55Uhr)
[7] Solarenergie. Grundlagen, technische Entwicklungen, Anwendungen in Deutschland. http://www.vde.com/de/fg/ETG/Arbeitsgebiete/V1/Aktuelles/Oeffentlich/Seiten/Solarenergie.aspx (Zugriff: 18.02.2012 13:56Uhr)
[8] Geschichte der Photovoltaik. http://www.solar-und-windenergie.de/photovoltaik/geschichte-photovoltaik.html (Zugriff: 18.02.2012 13:59Uhr)

2.2. Die Funktionsweise von Solarkraftwerken[9]

Bei den Solarkraftwerken unterscheidet man zwei Grundprinzipien; die
Photovoltaik- (basiert auf der Technik des Fotoeffektes) und die
Solarwärmekraftwerke (Nutzen Sonnenenergie zur Erwärmung eines Mediums).
Bei beiden sind einige Vor- und Nachteile festzuhalten.

In diesem Kapitel werden die für Großprojekte geeigneten Kraftwerkstypen
Photovoltaik-, Parabolrinnen - und Solarturmanlagen (Solarwärmekraftwerke)
erläutert und untereinander verglichen.

2.2.1.Photovoltaikanlagen

Zunächst einmal gibt es keinen Unterschied zwischen den kommerziell /
energiewirtschaftlich eingesetzten Photovoltaikanlagen und den privat genutzten -
auf zum Beispiel deutschen Dächern.

Photovoltaik-Kraftwerke / Anlagen bestehen aus vielen einzelnen Kollektoren, die
wiederum aus mehreren zusammengeschalteten Solarzellen aufgebaut sind
(siehe Abb. 1).
Solarzellen bestehen aus Halbleitermaterialien, welche „unter Zufuhr von Licht
oder Wärme elektrisch leitfähig werden, während sie bei tiefen Temperaturen
isolierend wirken."[10]

Um Strom zu gewinnen, wird das Halbleitermaterial - in 95 % der Fälle Silizium -
dotiert. Das bedeutet, dass bestimmte chemische Elemente so in das Silizium
eingebracht werden, dass eine p-leitende Halbleiterschicht (Schicht mit positivem
Ladungsüberschuss) und eine n-leitende Halbleiterschicht (Schicht mit negativem
Ladungsüberschuss) entstehen. Beim Zusammentreffen dieser beiden Schichten
entsteht eine Grenzschicht, der sogenannte p-n-Übergang.
Durch diese Zusammensetzung entsteht eine Ladungsverschiebung und in der
Solarzelle baut sich ein elektrisches Feld auf.

Wenn nun Licht auf die Solarzelle trifft, werden Ladungsträger freigesetzt, was
durch das elektrische Feld zu einer Ladungstrennung führt.

6

---

[9] Als Hauptquelle für das Kapitel diente: Mütze, Alexander: Hausarbeit. Thema: Solarkraftwerke.
[10] Photovoltaik: Solarstrom und Solarzellen in Theorie und Praxis.
http://www.solarserver.de/wissen/basiswissen/photovoltaik.html (Zugriff: 17.02.2012 20:28Uhr)

Diese Ladungstrennung kann genutzt und durch Metallkontakte in Form von elektrischer Spannung abgegriffen werden. Wird ein Verbraucher angeschlossen, fließt pro Solarzelle ein Gleichstrom von etwa 0,5 Volt (vgl. Abb. 2).

Photovoltaikanlagen sind auch in Deutschland wirtschaftlich nutzbar, so ging 2008 das weltgrößte Solarkraftwerk mit 40 MW Leistung in Brandis bei Leipzig in Betrieb. Es nimmt eine Grundfläche von 100 Hektar ein; insgesamt wurden um die 550.000 Solarmodule verbaut, was einer Solarzellenanzahl von 63.8 Millionen entspricht.

Mit dem Solarkraftwerk können 10.000 Haushalte pro Jahr mit Strom versorgt werden. Die Investitionskosten betrugen um die 130 Mio. Euro.[11]

2.2.2. Parabolrinnenkraftwerke

In Parabolrinnenkraftwerken wird die direkte Strahlung der Sonne genutzt. Hierfür werden die eintreffenden Strahlen von rinnenförmig angeordneten Spiegeln, die zur maximalen Energieausbeute einachsig der Sonne nachgeführt werden, reflektiert und auf einen Punkt konzentriert (*vgl. Abb. 3*). In diesem sogenannten Brennpunkt befindet sich ein Absorber, der durch seinen speziellen Aufbau möglichst viel Strahlung in Form von Wärme absorbiert (*siehe Anhang: Definition Absorber*).

Die so aufgenommene Wärme wird durch das im Rohrsystem (Absorberrohr) zirkulierende Wärmeträgermedium[12], in diesem Fall meist ein synthetisches Thermo-Öl oder eine Salzschmelze, abgeführt.

Durch einen Zusammenschluss vieler solcher rinnenförmiger Spiegel, der aus mehreren bis zu einigen hundert Metern langen Reihen aufgebaut sein kann, werden in einer solchen Anlage Durchlauftemperaturen von bis zu 400 °C erreicht.[13]

---

[11] Energiepark Waldpolenz: Das größte Solarkraftwerk der Welt ist in Sachsen. http://www.oekonews.at/index.php?mdoc_id=1031349 (Zugriff: 17.02.2012 20:30Uhr)
[12] An das Wärmeträgermedium (hier: ein Fluid) werden Anforderungen, wie eine hohe Siedetemperatur und eine hohe Wärmekapazität gestellt.
[13] Quaschning, Volker: Solarkraftwerke - Konzentration auf die Sonne. Erschienen in: Sonne Wind & Wärme 10-11/2001 S.74-78. Veröffentlicht: http://www.volker-quaschning.de/artikel/konzenson2/index.php
(Zugriff: 17.02.2012 20:34Uhr)

Die in Form von Wärme absorbierte Energie kann anschließend in einer Kraftwerkseinheit durch eine Dampfturbine (die aus dem Rohrnetz eintreffende Wärmeenergie dient hier der Verdampfung von Wasser) zur Stromerzeugung genutzt werden *(siehe Abb. 4)*.

Als Beispiel ist hier der Parabolrinnenkraftwerks-Komplex „Solar Electric Generating Systems" zu nennen, der sukzessive seit 1986 durch weitere Einheiten ergänzt wurde und heute als Gesamtkomplex eine installierte Leistung von 310 MW hat. Hier befinden sich auf einer Fläche von ca. 607 ha in der Wüste Kaliforniens (USA) mehr als 900.000 Spiegel.
Der Kraftwerkskomplex kann tagsüber bei voller Leistung 230.000 Haushalte mit Strom versorgen.[14]

2.2.3. Solarturmkraftwerke

In Solarturmkraftwerken werden über tausend flache Spiegel (Heliostate) von einer Regelelektronik je nach Sonnenstand so in Position gebracht (der Sonne nachgeführt), dass das gesamte direkt eintreffende Sonnenlicht auf einen Punkt reflektiert wird, der als Receiver oder auch Empfänger bezeichnet wird. Er ist in einem sogenannten Solarturm platziert *(siehe Abb. 5)*.

Der Receiver im Turmkraftwerk, der von einem Wärmeträgermedium durchströmt wird, hat eine ähnliche Funktionsweise wie ein Absorber in einem Parabolrinnenkraftwerk.

Die Kraftwerkstypen unterscheiden sich allerdings in den Temperaturen. Ein Solarturmkraftwerk kann aufgrund der Punktfokussierung aller Spiegel eine Temperatur von bis zu 1100 °C erreichen. Sie liegt damit weitaus höher als die des Parabolrinnenkraftwerks.
Aufgrund dieser hohen Temperaturen können Solarturmkraftwerke in verschiedenster Weise eingesetzt werden. So wird zum Beispiel neben der Erforschung der geeignetsten Wärmeträgerfluide (Frage hierbei: Welches Medium kann die Wärme kosteneffizient und gut speichern, und ist bei 1100 °C

---

[14] NEXTera Energy Resources: Solar Electric Generating Systems.
http://www.nexteraenergyresources.com/pdf_redesign/segs.pdf (Zugriff: 17.02.2012 20:38Uhr)

benutzbar?) und dem effizientesten Weg der Stromerzeugung auch an der direkten Erzeugung von Wasserstoff über einen thermochemischen Prozess geforscht.[15]

Ein Problem besteht hingegen noch in der teuren und aufwendigen Regelelektronik der Heliostate und den ebenfalls teuren, hitzebeständigen Materialien wie zum Beispiel Rohrleitungen. Doch aufgrund des höheren Wirkungsgrades wird weiterhin intensiv an Solarturmkraftwerken geforscht. Ein Beispiel hierfür ist der Forschungsturm in Jülich, der heute vom Deutschen Zentrum für Luft- und Raumfahrt betrieben wird. Er erbringt bei einer Spiegelfläche von 18.000 m² (entspricht 2153 Heliostaten) und einer Turmhöhe von 60 m eine Leistung von 1,5 MW.[16]

Die genaue Funktionsweise von Solarkraftwerken ist in Teilen der *Abb. 6* zu entnehmen.

2.2.4. Vergleich der unterschiedlichen Prinzipien

Wie schon erwähnt, nutzten Photovoltaikanlagen den Fotoeffekt, um Energie in Form von Strom nutzbar zu machen. Dieser Fotoeffekt wird sowohl durch Sonnenstrahlen als auch durch Energie in Form von Licht ausgelöst. Solarwärmekraftwerke hingegen benötigen die direkte, unzerstreute Sonnenstrahlung, die die energiereiche und kurzwellige Strahlung beinhaltet.

Das ist nur ein Punkt, aber er zeigt schon, dass Solarenergie nicht gleich Solarenergie ist. Jede Anlage sei es Photovoltaik oder Solarwärme hat ihre spezifischen Vor- und Nachteile. Bei jedem Projekt sollte man diese abwägen, denn je nach Projektgröße, verfügbarem Kapital und Ziel kann die eine oder die andere Lösung sinnvoller sein.

So sind zum Beispiel Photovoltaikanlagen auch in Mitteleuropa sehr gut einsetzbar, verlieren aber aufgrund physischer Faktoren bei hohen

---

[15] A.Löffler, P.Baur, A.Heigl, R.Pfister, H.Götz: Solar- und Geothermie. http://www.pit.physik.uni-tuebingen.de/studium/Energie_und_Umwelt/ss09/Solar_und_Geothermie_ss09.pdf (Zugriff: 17.02.2012 20:40 Uhr)
[16] http://www.solarturm-juelich.de/files/090820_Factsheet.pdf (Zugriff: 17.02.2012 20:42Uhr)

Umgebungstemperaturen an Wirkung.[17] Solarwärmekraftwerke sind ausschließlich in wolkenlosen Regionen (z. B. Wüsten) mit hohen Sonnenstundenzahlen rentabel.

Ein wichtiges Kriterium für eine Investition ist der Wirkungsgrad.[18] Je höher dieser Wirkungsgrad ist, desto weniger Fläche braucht man um dieselbe Energiemenge zu erzeugen. Mit einem hohen Wirkungsgrad kann also ein Maximum an Energie erzeugt werden. Der Wirkungsgrad ist jedoch von vielen Faktoren wie zum Beispiel der Sonnenstundenzahl und der Größendimensionierung des Kraftwerks abhängig.

Unter idealen Bedingungen gilt:

Photovoltaikanlagen / Solarzellen haben einen Wirkungsgrad von um die 11 %, die Technik verbessert sich jedoch sukzessive. „[...] [Für] das vierte Quartal 2012 wird ein Wirkungsgrad von 12,7 Prozent erwartet." „Bis zum Ende des Jahres 2015 soll bei allen Modulreihen ein durchschnittlicher Wirkungsgrad von 14,5-15 Prozent erreicht werden." (Ziel des Solarmodulherstellers *First Solar*) [19]

Die Angaben für den Wirkungsgrad von Solarwärmekraftwerken sind sehr unterschiedlich, so ist für ein Parabolrinnenkraftwerk in Spanien ein durchschnittlicher Wirkungsgrad von 13,81 % angegeben.[20]

Die sich auf Fachbücher berufende Website *SolarServer.de* schreibt, dass thermische Solaranlagen zwischen 25 und 40 % der Sonnenstrahlung umwandeln können, genaue Angaben fehlen.[21]

---

[17] Institut für Elektrische Energietechnik- Erneuerbare Energien an der Technischen Universität Berlin: Solarenergie 5. Das Temperaturverhalten von Solarzellen. http://www.user.tu-berlin.de/h.gevrek/ordner/ilse/solar/solar5.html (Zugriff: 17.02.2012 20:46 Uhr)

[18] Der Wirkungsgrad gibt an, wie viel der eintreffenden Energie in eine bestimmte andere (nutzbare) Energieform umgewandelt wird. Im Falle von Solarkraftwerken wird angegeben, wie viel Prozent der eintreffenden Sonnenenergie in Strom umgewandelt wird.

[19] Dünnschicht-Photovoltaik: First Solar meldet neuen Weltrekord- Wirkungsgrad für CdTe-Solarmodule; 14,4 Prozent Gesamtflächeneffizienz durch NREL bestätigt. http://www.solarserver.de/solar-magazin/nachrichten/aktuelles/2012/kw03/duennschicht-photovoltaik-first-solar-meldet-neuen-weltrekord-wirkungsgrad-fuer-cdte-solarmodule-144-prozent-gesamtflaecheneffizienz-durch-nrel-bestaetigt.html (Zugriff:17.02.2012 20:56 Uhr)

[20] National Renewable Energy Laboratory: Concentrating Solar Power Projects. La Dehesa. http://www.nrel.gov/csp/solarpaces/project_detail.cfm/projectID=26 (Zugriff: 17.02.2012 20:58Uhr)

[21] Wirkungsgrad. http://www.solarserver.de/wissen/lexikon/w/wirkungsgrad.html (Zugriff: 17.02.2012 21:02 Uhr)

Verlässlich erscheint die Angabe der Universität des Saarlands[22], die für
Solarturmkraftwerke einen mittleren Wirkungsgrad zwischen 14-19 % und für
Parabolrinnenkraftwerke einen zwischen 10-15 % angibt.

Dies soll eine kurze Einleitung in die Technik der Solarenergie gewesen sein. In
den nächsten Kapiteln wird auf dieses Wissen aufgebaut.

2.3. „Solarkraftwerke erzeugen nachts keinen Strom!"[23]

Ein oft thematisiertes Problem von Solarkraftwerken soll sein, dass jene nicht fähig
wären, nachts Strom zu erzeugen. Tagsüber würden sie durch Wolkenbildung
starke Schwankungen aufweisen. Diese Behauptung trifft allerdings nur auf
Photovoltaik-Anlagen zu.

Solarthermische Anlagen können nachts genau so wenig Sonnenenergie
„aufnehmen" wie Photovoltaik-Anlagen. Man kann sich aber die Besonderheit,
dass diese Kraftwerke einen „normalen" Kraftwerkskreislauf betreiben, auf zwei
Wegen zu Nutzen machen.

Zum einen kann ein Teil der erzeugten Wärme durch eine ausreichende
Dimensionierung zwischen der Energie, die durch das Solarwärmekraftwerk in den
Kraftwerkskreislauf gelangt und der Energie, die durch die Stromerzeugung
entnommen wird, in einem „Wärmetank" gespeichert werden. Speichermedia sind
hierfür das sich schon im Kraftwerksnetz befindende Thermo-Öl oder eine
Salzschmelze.
Wenn die Wärmetanks genügend Kapazität aufweisen, kann ein Kraftwerk
24 Stunden am Tag betrieben werden und so eine stetige Leistung zu Verfügung
stellen. Auch eine Zwischenlösung mit vergleichsweise kleineren Tanks und einer
verminderten Nacht-Leistung (ca. 70-80 %) sind möglich.

11

---

[22] M.Keilhacker: 10 Solarthermische Kraftwerke im Süden.
http://www.google.de/url?sa=t&rct=j&q=solarthermie%20bunt%20uni%20saarland%20keilhacker&s
ource=web&cd=1&ved=0CDEQFjAA&url=http%3A%2F%2Fwww.uni-
saarland.de%2Ffak7%2Ffze%2FAKE_Archiv%2FDPG2005_Klimastudie_bunt%2F10%2520Keilha
cker-Solarthermie_bunt.doc&ei=ZrM-
T67jFYTGtAb6oIH9BA&usg=AFQjCNEC8KPb1nrN5TyeltH9ZYqTAAQjgw&cad=rja
(Zugriff: 17.02.2012 21:12Uhr)
[23] Mütze, Alexander: Hausarbeit. Thema: Solarkraftwerke.

Nachdem die Tanks tagsüber mit Energie „gefüllt" worden sind, können sie die „Stromproduktion" übernehmen. Hierfür wird durch eine Verteilerautomatik der Kreislauf des Solarfelds geschlossen und der Kreislauf der Wärmetanks geöffnet. Die Energie der Wärmetanks wird abgeführt und zur Stromproduktion genutzt *(siehe Abb. 4)*.

Zusätzlich ist zu sagen, dass die Wärmetanks entweder direkt an den Kraftwerkskreislauf angebunden sind oder aber nur ein Energietransfer zwischen zwei Tanks über einen Wärmetauscher stattfindet, der die Energie dann auf den Kraftwerkskreislauf überträgt.
Hierbei bleiben alle Prozesse bei unterschiedlicher Wärmequelle gleich.

Eine zweite Variante würde vorsehen, dass ein konventionelles Kraftwerk die Nachtstunden überbrückt, denn auch dies ist dank des Kraftwerkkreislaufs ohne Probleme integrierbar. Das sogenannte Hybridkraftwerk (Solarwärmekraftwerk + Gaskraftwerk) würde zwar in der Nacht CO_2 emittieren; trotzdem würde durch den konstanten 24-h-Betrieb an Effizienz gewonnen werden, was daran liegt, dass das Kraftwerk nicht jeden Tag neu hochgefahren werden muss. Somit kann keine Energie ungenutzt verloren gehen.

Beide dieser Varianten könnten auch „Ausfall-" Phasen der Parabolrinneneinheit oder der Solarturmeinheit überbrücken, und somit stärkere Schwankungen in der Stromproduktion ausgleichen. Da Solarwärmekraftwerke aber größtenteils in fast wolkenlosen Gebieten errichtet werden sollen, sind Schwankungen in der Leistung der Solareinheiten eher selten.

Durch die erste, zweite oder eine Kombination dieser beiden Varianten wäre jeweils ein 24-h-Betrieb möglich, der das gesamte Kraftwerk grundlastfähig machen würde.

→ Diese Eigenschaft von Solarwärmekraftwerken macht sie für Großprojekte so attraktiv. Sie ist auch der Grund, warum in Afrika vermehrt auf Solarwärmekraftwerke gesetzt werden soll. (Kapitel 3)

2.4. Das Potential der Sonne im Allgemeinen

Im Gegensatz zur Energiegewinnung aus Erdöl, Kohle und Erdgas ist
Sonnenenergie weder klimaschädigend noch für den Menschen zeitlich begrenzt
verfügbar.

Das große Potential dieser Energie ist zu erkennen, wenn man einen Blick auf
einige Fakten wirft.

Die von der Sonne jährlich auf die Erde transportierte Energiemenge entspricht mit
1,6 Milliarden Terawattstunden (=1,6 x 10^{18} kWh) dem etwa Zehntausendfachen
des jährlich weltweiten Energiebedarfs. Daraus folgt: Wenn die gesamte Energie,
die die Sonne [in einer Stunde] aussendet, aufgefangen und genutzt werden
könnte, wäre die ganze Welt über ein Jahr lang mit Energie versorgt.[24]

Bei einem Solarkraftwerk fallen die Prozesskosten zudem vergleichsweise gering
aus. Das kann Sonnenenergie gegenüber Energie aus fossilen Brennstoffen sehr
attraktiv machen, denn nach jedem Bau eines Solarkraftwerks könnte man von Öl,
Gas und Kohle ein wenig unabhängiger werden. In Angesicht der steigenden
Preise und schrumpfenden Ressourcen wäre das von großem Vorteil.[25]

Zu beachten ist hierbei, dass sich die Sonnenenergie nicht gleichmäßig auf der
Erde verteilt. Die Globalstrahlung der Sonne konzentriert sich stark zwischen dem
35. nördlichen und dem 35. südlichen Breitengrad und gibt an, wie viel
Gesamtenergie pro Jahr auf einen Quadratmeter trifft *(siehe Abb. 7)*.

Photovoltaik-Anlagen sind in der Lage, direkte aber auch diffuse Strahlung in
Strom umzuwandeln. Dadurch sind sie ideal in Gebieten mit hoher
Globalstrahlung einsetzbar.

---

[24] Schäfer, Daniel: Solarthermie. Physik und Technik der Solarthermie in Afrika. http://geb.uni-giessen.de/geb/volltexte/2009/6731/pdf/SdF_2008-02-11-15.pdf (Zugriff: 18.02.2012 17:27 Uhr)
[25] Le Monde diplomatique: Atlas der Globalisierung. Original: Paris, 2009. Deutsche Ausgabe: Berlin, 2009

Jahressummen der Globalstrahlung weltweit

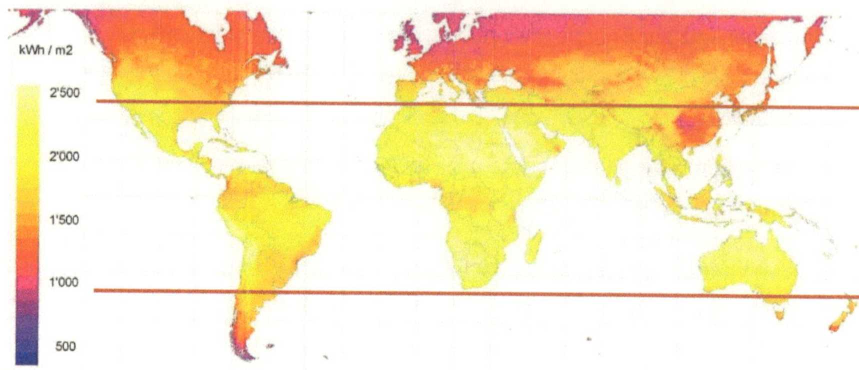

Abb. 7. „Jahressummen der Globalstrahlung weltweit." [26]

Das Potential der Sonne ist für Solarwärmekraftwerke nur in Gebieten mit hoher, direkter Strahlung wirtschaftlich nutzbar.

Yearly sum of direct normal irradiance

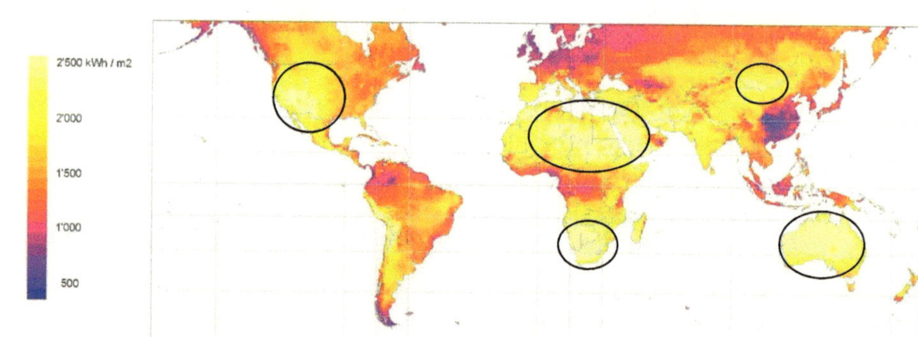

Abb. 8: „Yearly sum of direct normal irradiance"[27]

---

[26] Bearbeitet nach: http://www.paradigma.de/mediadb/11208073/11208074/Globalstrahlung-weltweit.jpg (Zugriff: 01.03.2012 18:26 Uhr)

[27] Bearbeitet nach: http://angebot-photovoltaik.eu/joomgallery/img_originals/strahlungskarten_und_sonneneinstrahlung_4/strahlungskarte-weltweit_20091221_1141892193.jpg (Zugriff: 19.02.2012 13:45Uhr)

Abb. 8 zeigt, dass es fünf größere Regionen gibt, die eine sehr große „Menge" an direkter Strahlung aufweisen. Zu diesen fünf gehören: Die Region MENA (Gebiet der Sahara, Arabischen Wüsten), das Gebiet um Texas, New Mexico und Arizona (USA, Sonora-Chihuahuawüste), der Raum Südafrika-Namibia-Botsuana (Kalahari-Sandwüste), Australien (Australische Wüste) und der Raum um Nord-China / Südmongolei (Wüste Gobi).

Das solare Potential für Solarwärmekraftwerke ist also in Wüstengebieten am größten.

Das liegt daran, dass es in Wüsten eine geringe Luftfeuchtigkeit, und somit nahezu keine Wolkenbildung gibt. Demzufolge kann die Sonnenstrahlung unabgelenkt und direkt auf den Boden auftreffen und die Effizienz des Solarwärmekraftwerks steigt.

Auch verdeutlichen die Abbildungen, dass die Faustformel: „Die Sonnenstrahlung ist zwischen dem 35.nördlichen und dem 35. südlichen Breitengrad am größten", zwar für die Globalstrahlung gilt, aber nicht für die direkte Sonnenstrahlung. Ein Beleg dafür wären die Regionen um den Äquator, die zwar eine sehr große Globalstrahlung, allerdings durch die tropische Zirkulation, welche für eine hohe Luftfeuchtigkeit und somit für viel Wolkenbildung verantwortlich ist, eine vergleichsweise geringe, direkte Sonneneinstrahlung aufweisen.

3. Das Potential erneuerbarer Energien der MENA-Region und der mögliche Nutzen für Europa

Die Union für das Mittelmeer[28] mit ihrem „Mediterranen Solarplan (MSP) [zu Deutsch: Mediterraner Solarplan]" sowie auch die *Desertec Industrial Initiative*[29] haben beide das schon beschriebene Potential der Sonnenenergie erkannt.

Primäres Ziel beider Initiativen ist es, den nordafrikanischen Raum als auch den Raum des Mittleren Ostens in Bezug auf die solare sowie andersartige, erneuerbare Stromproduktion zu erschließen. Dabei soll der umweltfreundlich gewonnene Strom zum Teil nach Europa exportiert werden.

Beide Projekte sehen für Europa (EU) eine übernationale Kooperation mit dem MENA-Gebiet[30] für die Zukunft vor. Durch einen ständigen Transfer von elektrischem Strom und gezielten Investitionen in den Ländern der MENA-Region, in denen die jeweilige Technologie am profitabelsten und umsetzungsfähigsten ist, soll ein Stromverbund gegründet werden, der verlässlich für alle Seiten ist und eine stabile, ökologisch orientierte Energienutzung ermöglicht.[31]

Dieses Kapitel handelt von dem umweltfreundlichen Energiepotential im MENA-Gebiet sowie in Europa, den möglichen Kooperationsansätzen und Kooperationsgründen zwischen Europa und MENA und den für eine Nutzung in ganz Europa damit verbundenen, logistischen Herausforderungen (Netzinfrastruktur / Netzausbau).

---

[28] „Der Union für den Mittelmeerraum gehören alle EU-Staaten, die Mittelmeeranrainer sowie Jordanien und Mauretanien an." Auswärtiges Amt Bundesrepublik Deutschland. http://www.auswaertiges-amt.de/DE/Europa/Aussenpolitik/Regionalabkommen/EuroMedPartnerschaft_node.html (Zugriff: 28.02.2012 19:22 Uhr)

[29] „Die DESERTEC Foundation ist eine zivilgesellschaftliche globale Initiative zur Gestaltung einer nachhaltigen Zukunft. Sie wurde am 20. Januar 2009 als gemeinnützige Stiftung gegründet und ging hervor aus einem Netzwerk von Wissenschaftlern, Politikern und Ökonomen aus der Mittelmeerregion, die gemeinsam das DESERTEC-Konzept entwickelten. Stiftungsgründer sind die Deutsche Gesellschaft Club of Rome e.V., Mitglieder des internationalen Netzwerks sowie engagierte Privatpersonen." http://www.desertec.org/de/organisation/ (Zugriff: 28.02.2012 19:25 Uhr)

[30] Das Gebiet umfasst den norden Afrikas und das Gebiet Asiens, dass als mittlerer Osten bezeichnet wird. Das Wort MENA bildet sich aus den Anfangsbuchstaben der geographischen Angaben.

[31] Isabelle Werenfels/ Kirsten Westphal: Solarstrom aus Nordafrika. Rahmenbedingungen und Perspektiven. Studie der Stiftung Wissenschaft und Politik. Berlin, 2010. Im Internet veröffentlicht: http://www.swp-berlin.org/fileadmin/contents/products/studien/2010_S03_wrf_wep_ks.pdf. (Zugriff 28.02.2012 19:32 Uhr)

3.1. Raumanalysen

3.1.1. Analyse des MENA-Gebietes hinsichtlich erneuerbarer Energien

Das MENA-Gebiet hat sehr viele verschiedene Energiepotentiale. Für eine wirtschaftliche Nutzung gilt es, auf die natürlich vorkommenden Ressourcen jedes Landes zu achten und den größten Nutzen daraus für die gesamte MENA-Region und Europa zu ziehen.

In der englischsprachige Studie *„Concentrating Solar Power for the Mediterranean Region"* vom Institut für technische Thermodynamik des Deutschen Zentrums für Luft- und Raumfahrt (DLR)[32] wurden das Potential aller erneuerbarer Energie, aber auch das MENA-Gebiet an sich untersucht.[33]

Die folgenden vier Karten zeigen die Möglichkeiten für Biomasse, Windenergie, Geothermie und Wasserkraft.[34] Das Potential der Solarenergie wird in einem eigenen Teilkapitel gesondert erläutert.

Für die Karten gilt verallgemeinert: Je dunkler der Farbton, desto mehr Energie kann man in dieser Region gewinnen. Ausnahme ist hier die Biomasse, hier symbolisiert ein sattes Grün das Optimum. Weitere Informationen sind den Kartentiteln und der Legende zu entnehmen.

17

---

[32] Deutsches Zentrum für Luft- und Raumfahrt. Institute of Technical Thermodynamics - Section Systems Analysis and Technology Assessment: „Concentrating Solar Power for the Mediterranean Region".

[33] Die Studie analysiert einen Raum, den sie als EUMENA bezeichnet. Zur weiteren Deutlich- sowie Verständlichkeit wird diese Region weiterhin als MENA erwähnt. Zu dem von der Studie untersuchten Gebiet gehören die Länder: Bahrain, Iran, Irak, Israel, Jordan, Kuwait, Libanon, Oman, Qatar, Saudi Arabien, Syrien, UAE, Yemen, Zypern, Algerien, Ägypten, Libyen, Marokko, Tunesien, Griechenland, Italien, Malta, Portugal, Spanien, Türkei.

[34] Die Karten entstammen der Studie: „Concentrating Solar Power for the Mediterranean Region" (vgl. Fn. 32)

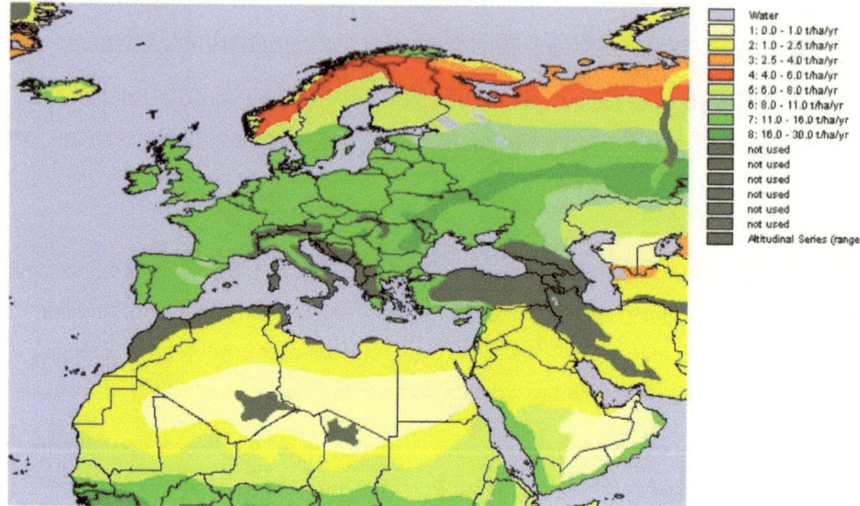

Figure 3-9: Map of biomass productivity /Bazilevich 1994/.

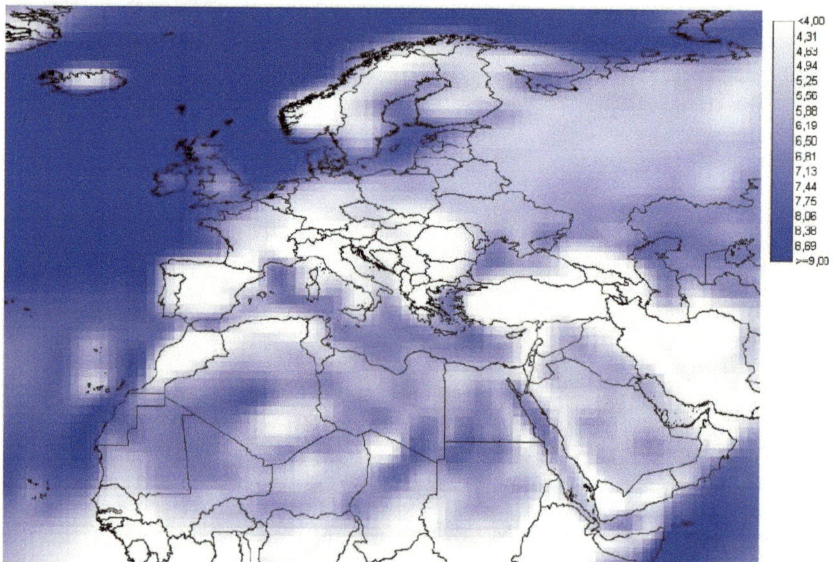

Figure 3-11: Annual average wind speed at 80 m above ground level in m/s. Source: Prepared by DLR with data from ECMWF, ISET for /WBGU 2003/

18

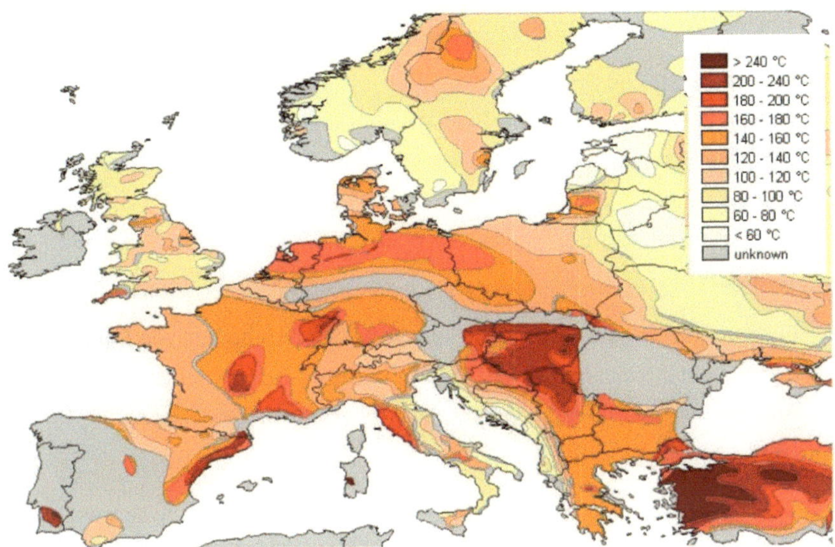

Figure 3-8: Temperature at 5000 m Depth for Hot Dry Rock Geothermal Power Technology /BESTEC 2004/

Abb. 12: Wasserkraft

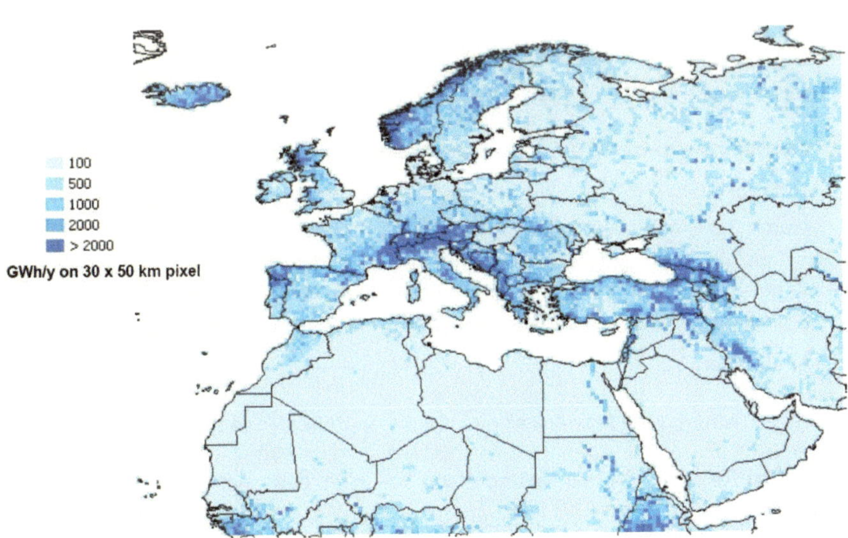

Figure 3-7: Gross Hydropower Potentials in EU-MENA adapted from /Lehner et al. 2005/

Die Studie hat für jedes Land ein wirtschaftliches Potential ermittelt und kommt für den MENA-Raum insgesamt zu folgenden Ergebnissen:

Das wirtschaftliche Potential der Wasserkraft liegt bei 432 TWh pro Jahr (TWh/y). Im Jahr 2000 (Bezugsjahr der Studie) waren Wasserkraftwerke mit einer Leistung von 70 GW installiert und produzierten zusammen 155 TWh an elektrischer Energie im Jahr.
Für Wellenkraft und Energie aus der Wasserbewegung der Tide werden 27 TWh/y angegeben.

Für das Potential der Geothermie kommt die Studie aufgrund von Datenlücken auf einen ungefähren Wert von 400 TWh/y. Im Bezugsjahr waren geothermische Anlagen mit einer Leistung von 600 MW installiert und produzierten 4,6 TWh/y an elektrischer Energie.

Das Potential der Biomasse wurde unter Berücksichtigung der wachsenden Bevölkerungszahlen und dem damit verbundenen Abfall, wie auch dem Aspekt der Nachhaltigkeit ermittelt. Außerdem trennt die Studie das Potential in drei verschiedene Sektoren auf: Den Abfall (Hausmüll u. Ä.), die ungenutzten Anbauten der Landwirtschaft und die „feste" Biomasse, wie zum Beispiel Wälder. Unter Einbezug aller Faktoren kommt die Studie zu dem Ergebnis, dass das Potential der Biomasse bei 400 TWh/y liegt. Im Jahr 2000 waren 1.8 GW installiert und erzeugten 6,4 TWh/y an Strom.

Der Windenergie wird ein wirtschaftliches Potential von 440 TWh/y zugeschrieben. Dabei wurden Off-Shore wie On-Shore-Anlagen berücksichtigt. Im Jahr 2000 waren 3.3 GW installiert. Sie erzeugten 7,2 TWh/y.

Eine Klassifizierung der verschiedenen, erneuerbaren Energiequellen hinsichtlich der Stromproduktion findet sich im gleichnamigen Kapitel, das dem Anhang zu entnehmen ist.

Bisher wird nur ein kleiner Teil des durchaus großen Potentials genutzt.

Zu der Region MENA ist weitergehend zu sagen, dass sich diese Region in großen Schritten an den europäischen Stromverbrauch annähert. So stieg der Stromverbrauch zwischen 1980 und 2000 von 500 TWh/y auf 1500 TWh/y, was eine Verdreifachung innerhalb von 20 Jahren und ein jährliches Wachstum von 50

TWh/y darstellt. Durch die Globalisierung und die starke Verbreitung stromverbrauchender Technik wird davon ausgegangen, dass der Stromverbrauch der MENA-Region weiterhin um etwa 50 TWh/y ansteigt. Dies würde bedeuten, dass der Strombedarf im Jahr 2050 bei 4100 TWh/y liegen würde (vgl. Europa heute ≈ 4000 TWh/y).

Da der eigene Strombedarf auch in Zukunft gedeckt werden muss, überdenken die MENA-Regierungen den Bau von Atomkraftwerken und ob diese Energieform für sie von Nutzen wäre. Zusätzlich fehlt für viele Länder der Anreiz, sich um den Ausbau erneuerbarer Energien zu kümmern, da viele der MENA-Länder Öl- und Gasproduzenten sind und somit derzeit kein Problem in der Nutzung konventioneller Kraftwerke sehen.

3.1.2. Kurze Analyse zum Raum Europa

Auch für Europas wirtschaftliches Potential an erneuerbaren Energien gibt es eine Auswertung. Diese stammt aus der ebenfalls englischsprachigen *Studie „Trans-Mediterranean Interconnection for Concentrating Solar Power"* vom Institut für technische Thermodynamik des Deutschen Zentrums für Luft- und Raumfahrt (DLR).[35]

Für die Auswertung lagen dieselben Karten und Grundsätze wie im vorigen Kapitel vor. Die Ergebnisse werden tabellarisch veranschaulicht und anschließend kurz erläutert.

Erneuerbare Energie	Nutzung im Jahr 2000	Wirtschaftliches Potential
Wasserkraft	615 TWh/y	910 TWh/y
Windenergie	23 TWh/y	1517 TWh/y
Biomasse	49 TWh/y	764 TWh/y
Geothermie	6 TWh/y	667 TWh/y
Wellenkraft/Tide	N.A.	144 TWh/y

---

[35] Deutsches Zentrum für Luft- und Raumfahrt. Institute of Technical Thermodynamics - Section Systems Analysis and Technology Assessment: „ Trans-Mediterranean Interconnection for Concentrating Solar Power".

Auch in Europa gibt es noch großes Potential.
Besonders hervorzuheben ist die Geothermie, die durch die Grundlastfähigkeit eine weitaus gesicherte Leistung zur Stromproduktion beitragen könnte.

Das Strombedarfsszenario für Europa fällt im Vergleich zur MENA-Region allerdings deutlich positiver aus. Während im Jahr 2000 ein Bedarf von 3500 TWh/y vorhanden war, soll 2040 ein Maximum von 4300 TWh/y erreicht werden. Nach 2040 wird ein Rückgang des Stromverbrauchs erwartet, was darin begründet liegt, dass die Bevölkerungszahlen teilweise stagnieren oder sinken sollen. Zusätzlich soll durch Effizienzsteigerung (Haushalt; Industrie) weiterhin Strom gespart werden.

Trotzdem braucht die Region Europa – im Zuge der rückläufigen Nutzung von Atomenergie - Alternativen für die Stromproduktion bzw. für die Deckung des Strombedarfs. Der von der EU beschlossene 20-20-20 Plan avisiert, dass 2020 zwanzig Prozent weniger Kohlenstoffdioxid ausgestoßen werden, der Anteil von erneuerbaren Energien auf 20 % steigt und die Energieeffizienz ebenfalls um 20 % steigen soll.[36,37] Diese Ziele scheinen klar realisierbar zu sein, wenn man einen Blick auf den derzeitigen „Strommix" der Bundesrepublik Deutschland wirft, der schon heute aus rund 20 % aus Strom von erneuerbaren Energien besteht.[38]

Doch die Ziele müssten schon heute über 2020 und den 20-20-20-Plan hinausgehen, denn die Motivation von ganz Europa sollte sein, die Umwelt so wenig wie möglich zu belasten und damit der globalen Klimaerwärmung entgegen zu wirken. Die Technik wäre vorhanden, doch erfordert jede Investition und jedes Projekt Zeit für die Planung, Errichtung und Fertigstellung.

---

[36] Cerstin Gammelin: Klimaziele der EU. Die Erfolgsformel 20-20-20
http://www.sueddeutsche.de/politik/klimaziele-der-eu-die-erfolgsformel--1.180192
(Zugriff 28.02.2012 19:49 Uhr)
[37] Pressemitteilung des Europäischen Parlamentes: "20-20-20 bis 2020": EP debattiert Klimaschutzpaket. http://www.europarl.europa.eu/sides/getDoc.do?pubRef=-//EP//TEXT+IM-PRESS+20080122IPR19355+0+DOC+XML+V0//DE (Zugriff: 28.02.2012 19:52 Uhr)
[38] BDEW Bundesverband der Energie- und Wasserwirtschaft e. V.. Erneuerbare Energien und das EEG: Zahlen, Fakten, Grafiken (2011).
http://www.bdew.de/internet.nsf/id/3564E959A01B9E66C125796B003CFCCE/$file/BDEW%20Ene
rgie-Info_EE%20und%20das%20EEG%20%282011%29_23012012.pdf
(Zugriff: 28.02.2012 19:54 Uhr)

3.1.3. Das solare Potential der MENA-Region im Vergleich mit dem von Europa

(Siehe Abb. 13,14)

Wie schon beschrieben, braucht Europa für die Zukunft Perspektiven, dabei wäre auch ein grünes Bewusstsein in MENA für die globale Bevölkerung von Vorteil.

Genau hier setzt das solare Potential an, welches heute schon technologisch nutzbar ist und theoretisch das Energieproblem lösen könnte.

Schon das wirtschaftlich nutzbare, solare Potential von Europa ist unerwartet groß. So wird das Potential von Photovoltaikanlagen auf 154 TWh/y geschätzt. Dies entspräche bei einem zukünftigen europäischen Strombedarf von ≈4000 TWh/y um die 3,85 %. Das Potential von Solarwärmekraftwerken übersteigt diesen Wert allerdings um das 9-fache. Mit einem Potential von 1584TWh/y könnte der Strombedarf zu 39,6 % von Solarwärmekraftwerken gedeckt werden.

Wenn man jetzt auf die Region MENA schaut, so könnte in diesem Raum ein unfassbar großes, wirtschaftlich nutzbares Potential für Solarwärmekraftwerke erschlossen werden.

Mit 632.099 TWh/y übersteigt diese große Summe von Energie jede Vorstellungskraft. Sie würde pro Tag einer Energiemenge von 1732 TWh entsprechen. Um den Weltbedarf (142.500 TWh) an Primärenergie zu decken, würden demnach 82,3 Tage an Nutzung reichen.[39]

Hier zeigt sich, warum Solarwärmekraftwerke in Zukunft die größten Möglichkeiten bieten. Kombiniert mit ihrer Fähigkeit, durch Wärmespeicher einen 24-Stunden-Betrieb zu ermöglichen, könnten sie den gesamten zukünftigen europäischen Stromverbrauch sowie den eigenen Bedarf decken.

---

[39] Deutsche Energie-Agentur: Weltenergieverbrauch. http://www.thema-energie.de/energie-im-ueberblick/daten-fakten/statistiken/energieverbrauch/weltenergieverbrauch.html (Zugriff 28.02.2012.20:16 Uhr)

3.1.4. Vom Potential zur Wirklichkeit

Zunächst sollte man sich vergegenwärtigen, dass ein Potential immer angibt, was möglich ist, aber nicht immer unbedingt, ob die Umsetzung auch sinnvoll und realitätsnah ist.

Im Beispiel von Spanien gibt es dort ein relativ großes Potential für Solarenergie in Form von Solarwärmekraftwerken (1278 TWh/y). Allerdings müssen daneben auch andere Faktoren beachtet werden.

Jedes Solarkraftwerk benötigt Platz. Dieser Platz ist zum Teil heute bewohnt oder er wird für die Landwirtschaft genutzt. Daraus ergibt sich ein wichtiger Faktor: Die Besiedlungsstruktur.

Zum anderen muss in dem jeweiligen Land ein politischer und gesellschaftlicher Wille vorhanden sein, der dafür sorgt, dass die nötigen politischen und wirtschaftlichen Rahmenbedingungen sowie auch Sicherheit geschaffen werden. Die Investoren müssen ermutigt werden, in das jeweilige Projekt zu investieren und es somit realisieren zu wollen.

Des Weiteren braucht man eine Infrastruktur (*3.3.1 Infrastruktur: Netzausbau und der Transport von Strom aus MENA nach Europa*), die das jeweilige Projekt an den Markt anschließt und dabei effizient arbeitet, denn ohne die Abnahme des erzeugten Stroms wird eine Anlage unwirtschaftlich, da keine Erträge erwirtschaftet werden und sich die Investitionskosten nicht amortisieren.

3.2. Kooperationsansätze und Kooperationsgründe zwischen EU und MENA

Wie in der Einleitung zu Kapitel 3 beschrieben haben Politik aber auch Wirtschaft das hohe Potential der MENA-Region erkannt.

Solarwärmekraftwerke in Afrika wären ideal, um einen großen Strombedarf zu decken, denn Afrika verfügt über die geeigneten klimatischen Bedingungen und den nötigen freien Platz. Doch gibt es auch begründete Einwände, die das Fortschreiten der Projekte stark beeinflussen.

Das größte Problem scheint zu sein, dass man sich auf eine Stufe mit den MENA-Staaten stellen muss. Die Zeiten, in denen man über Nordafrika geherrscht hat und den Ton in diesen Ländern angegeben hat, sind vorbei. Zudem wissen die MENA-Staaten um ihre Position, denn in diesem Fall ist die EU diejenige, die etwas von ihnen will und nicht andersrum. Auch sehen die MENA-Staaten keinen großen Vorteil darin, ihr Land für ausländische Investoren, die vermutlich noch nicht einmal die heimische Industrie einbinden, freizugeben. Denn sie selbst haben noch genug Rohstoffe (ÖL / Gas) für die Eigenversorgung und spielen mit dem Gedanken, Atomkraftwerke zu bauen.[40]

Ein Ausbau von konventionellen Kraftwerken in MENA würde im Angesicht des sich verdreifachenden Strombedarfs die Emission dieser Region deutlich steigern und stark zur globalen Klimaerwärmung beitragen. Die Entscheidung für Kernkraft in MENA ist ebenfalls stark problematisch. Und das nicht nur wegen der Sicherheit der einzelnen Reaktoren, sondern auch aufgrund von möglichen, bürgerlichen Unruhen und den eventuellen Zielen eines Landes eine Nuklearmacht zu werden.

Diese Gründe erfordern ein Umdenken in den führenden Köpfen der EU. Jahrzehnte lang hat sie von Afrika und dem Nahen Osten profitiert (Handel, Ausbeutung), heute muss sie handeln und dabei nicht ausschließlich eigene Vorteile in den Vordergrund stellen.

Um für die MENA-Region sowohl Solarwärmekraftwerke aber auch andere erneuerbare Energien interessant zu machen, bedarf es mehrere Schritte, um später einen Stromexport aus MENA nach Europa ermöglichen zu können.

Zunächst einmal muss die politische Lage in der MENA-Region stabilisiert werden, so dass eine Investition in die MENA-Region als sinnvoll betrachtet werden kann. Anschließend müssen die Vorteile für MENA herausgearbeitet und den politischen Machthabern präsentiert werden. Hierbei gilt es auch, perspektivisch zu denken. Eine Idee wäre die Gründung einer Nord-Süd-Partnerschaft, die nicht nur auf dem Energiemarkt, sondern auch auf dem gesamten Wirtschaftsmarkt kooperativ handeln könnte. Gleichstellung und gegenseitige Vorteilnahme (Win-win-Situation) würden neue Möglichkeiten schaffen.

---

[40] Vgl. Fußnote 31

Ansatz:

Solarwärmekraftwerke sind vielseitig einsetzbar. So kann man sie zur Stromerzeugung, aber auch zur Erzeugung von Trinkwasser nutzen, welches ein sehr knappes Gut in großen Teilen der Region MENA ist.[41] Durch einen Vertrag, der vorsieht, dass die EU sich verpflichtet die kompletten Investitionskosten für Solarwärmekraftwerke zu übernehmen und die MENA-Region an den Gewinnen teilhaben zu lassen, könnten Anreize geschaffen werden. Auch könnte man über eine Pflichtabgabe von Strommengen gekoppelt an die Leistungskapazität jedes Kraftwerks nachdenken.

> „Wir müssen uns im Klaren sein, dass wir etwas von der MENA-Region wollen, nicht die MENA-Region von uns."[42]

3.3. Infrastruktur: Netzausbau und der Transport von Strom aus MENA nach Europa

Einer der größten Herausforderungen bei einem möglichen Import von Strom aus dem MENA-Gebiet ist die Schaffung einer Netzinfrastruktur / eines „Energietransportnetzes" zwischen Europa und MENA.

Hierfür gibt es verschiedene, technische Alternativen, wie den Wasserstofftransport, den Transport von Strom über das konventionelle Wechselstromnetz oder den Transport über eine moderne HGÜ-Infrastruktur (Hochspannungs-Gleichstrom-Übertragung), am sinnvollsten erscheint wirtschaftlich gesehen jedoch nur der Stromtransport über das HGÜ-Netz.

Wasserstofftransport:

Bei der Umwandlung von Strom in Wasserstoff und anschließender Rückumwandlung gehen 75 % der Energie verloren.[43] Hierbei ist außerdem zu beachten, dass der Transport zwar technisch möglich wäre, aber zum derzeitigen

---

[41] Deutschsprachige Zusammenfassung der Forschungsstudie: „ Concentrating Solar Power for Seawater Desalination", des Deutsches Zentrum für Luft- und Raumfahrt - Institute of Technical Thermodynamics - Section Systems Analysis and Technology Assessment
[42] Eigene Schlussfolgerung
[43] Deutschsprachige Zusammenfassung der englischsprachigen Forschungsstudie: „Trans-Mediterranean Interconnection for Concentrating Solar Power" des Deutsches Zentrum für Luft- und Raumfahrt - Institute of Technical Thermodynamics - Section Systems Analysis and Technology Assessment

Stand noch nicht über lange Strecken getestet wurde (die längste deutsche Wasserstoffpipeline ist um die 240 km lang).[44]

Da eine Eigenschaft von Wasserstoff darin besteht unter Anwesenheit von Sauerstoff hochexplosiv zu sein, könnte hier ein Problem bestehen. Denn bei benötigten Wasserstoffpipelines von mehreren tausend Kilometern Länge müsste gewährleistet sein, dass sie zu 100 % sicher sind und es keine Möglichkeit der Entstehung eines Knallgases (Wasserstoff-Sauerstoffgemisch) gibt.

Dieses Kriterium würde auch für den Erzeugungsprozess sowie den letzten Umwandlungsprozess von Wasserstoff zu Strom gelten. Aufgrund des hohen zerstörerischen Potentials müssten Pipelines auch besonders gegen Terroranschläge und andere natürliche und unnatürliche Ereignisse geschützt werden.[45]

Vorteil der Wasserstofftechnologie wäre es, dass jener leicht zu speichern ist und auch zukünftig in der Automobilindustrie zum Einsatz kommen wird, was die Nachfrage steigen lassen könnte.[46]

Bleibt allerdings der Wirkungsgrad der Umwandlungsprozesse vergleichsweise gering und der Transport über lange Strecken und viele Wege risikoreich, wird es diese Technologie schwer haben, sich als großdimensioniertes Transportmedium zu etablieren. Auch die Begründung der Speicherung würde entfallen, da man genauso gut an Deutschlands Küsten mit überschüssigem Strom Wasser zu Wasserstoff spalten und anschließend speichern oder über kurze Strecken sicher verteilen und nutzen könnte.

Wechselstromnetz:

Wenn es um den Transport großer Leistungen über lange Strecken geht, würde auch ein Transport über das bestehende, konventionelle Wechselstromnetz ausscheiden. Denn zum einen ist die Kapazität des Wechselstromnetzes stark begrenzt, was bedeutet, dass selbst bei einer dafür notwendigen Netzmodernisierung im MENA-Raum auf europäische Standards die Kapazitäten

---

[44] Wasserstofftransport. http://h2works.org/de/inhaltliches/wasserstofftransport (Zugriff: 28.02.2012.18:36 Uhr)

[45] Vgl. Seite 49-50. Dr.-Ing. Thomas Jordan. Skript zur Vorlesung über Wasserstofftechnologie. http://www.hysafe.org/download/1206/Wasserstofftechnologie_160707.pdf (Zugriff: 28.02.2012.18:38 Uhr)

[46] Handelsblatt: Daimler und Linde wollen Wasserstoff-Tankstellen bauen. http://www.handelsblatt.com/unternehmen/industrie/automobilindustrie-daimler-und-linde-wollen-wasserstoff-tankstellen-bauen/4245390.html (Zugriff: 28.02.2012.18:40 Uhr)

des Netzes maximal 3,5 % des europäischen Strombedarfs decken könnten. Zum anderen spricht aber auch der hohe Wirkungsverlust von 15 % pro tausend Kilometer des anfangs in das Netz eingespeisten Stroms - ebenso wie elektromagnetische Wechselwirkungen (Elektrosmog) - gegen eine Benutzung eines Wechselstromnetzes.

Trotzdem hat diese Transportart auch Vorteile, da Kraftwerke wie zum Beispiel Solarwärmekraftwerke direkt Wechselstrom erzeugen und der Strom somit nicht weiter umgewandelt werden müsste, weil das europäische Netz bereits ein Wechselstromnetz ist. Auch sind Wechselstromnetze ideale Stromverteiler, wenn es um nationale Netze geht, die eine deutlich geringere Leitungskapazität erfordern. Im Fall des Imports von Strom aus MENA scheiden Wechselstromnetze allerdings aufgrund der mangelnden Kapazität aus.[47]

Das HGÜ-Netz:

Das HGÜ-Netz hingegen kann sehr große Leistungen transportieren und hat „nur" Leitungsverluste von etwa 3 % pro tausend Kilometer, wodurch es sich nicht nur für den Transport zwischen MENA und Europa, sondern auch für einen innereuropäischen Stromtransport eignet. Hinzukommt, dass ein großes HGÜ-Netz aufgrund seiner hohen Transportkapazität Stromschwankungen von fluktuierenden Quellen sehr gut ausgleichen kann, und somit stark zu einer Stabilität und Versorgungssicherheit beitragen könnte.

Der Nachteil besteht darin, dass das HGÜ-Netz mit Gleichstrom betrieben wird, was erfordert, dass bei der Zuführung von meist Wechselstrom dieser gleichgerichtet und hochtransformiert werden müsste und der Gleichstrom bei Entnahme aus dem HGÜ-Netz wechselgerichtet und heruntertransformiert werden müsste. Diese Einschränkung ist allerdings aufgrund der hohen Kapazität und der hohen Leitungseffizienz zu vernachlässigen, wodurch sich das HGÜ-Netz für den Transport großer Leistungen am besten eignet.

---

[47] Schäfer, Daniel: Solarthermie. Physik und Technik der Solarthermie in Afrika. http://geb.uni-giessen.de/geb/volltexte/2009/6731/pdf/SdF_2008-02-11-15.pdf (Stand: 28.02.2012.18:44 Uhr)

Ein HGÜ-Netz kann sehr gut auf Schwankungen reagieren und würde sich auch für ein innereuropäisches Stromnetz rentieren.[48]

Das lässt sich anhand eines Beispiels in Deutschland zeigen.

Wie „greenmag" in dem auf der Website „The European Circle" erschienenen Artikel „Die Leitungen reichen nicht!" schreibt, musste Deutschland am 8. und am 9. Dezember erstmals Strom aus Österreich importieren. Der Grund dafür war, dass die deutschen Netze überlastet waren und somit nicht genug von dem im Norden Deutschlands von u. a. Windparks produzierten Strom im Süden des Landes ankam.

Der Süden Deutschlands leidet besonders unter der Abschaltung von Atomkraftwerken, wodurch die Distanz zwischen maximal verfügbaren Strom und Strombedarf sehr gering geworden und die Region teilweise auf Strom aus anderen Regionen angewiesen ist. Paradoxerweise konnte und musste trotzdem eine vertraglich zugesicherte Menge an Strom gleichzeitig ins südeuropäische Ausland exportiert werden. Was insgesamt bedeutet, dass Deutschland an diesen beiden Tagen Windstrom nach u. a. Italien exportierte, aber Strom aus Österreich importieren musste.

Hierfür sind laut dem Unternehmen „TenneT", das anteilig für das deutsche Stromnetz verantwortlich ist, fehlende Leitungskapazitäten und teilweise komplett fehlende Leitungen verantwortlich, die jetzt durch das Wegfallen von Atomreaktoren (Leistungskapazitäten/Grundlast) dringend benötigt würden.[49]

An dem Beispiel Deutschland wird klar, dass der Strom von standortabhängigen Kraftwerken ohne eine ausreichende Netzinfrastruktur nicht optimal genutzt werden kann, was im Extremfall zu einer Nichtnutzung führt, da die potentielle Energie nicht abgeführt werden kann.

Abhilfe könnte ein HGÜ-Netz schaffen, das die wichtigsten Zentren (Stromproduktion und Stromverbrauch) miteinander verbindet und eine

---

[48] Vgl. Fußnote: 39 und 43
[49] Strom aus Wind ist genug da. Die Leitungen reichen nicht! http://www.european-circle.de/greenmag/greenmag/datum/2012/01/18/die-leitungen-reichen-nicht.html (Stand: 28.02.2012 18:47 Uhr)

ausreichende Leitungskapazität zu Verfügung stellt.

Somit könnten die südlichen Bundesländer - auf das Beispiel bezogen - mit Strom aus den nördlichen Windkraftwerken versorgt werden.

Durch einen großen Stromverbund auf Basis eines HGÜ-Netzes könnte erreicht werden, dass Schwankungen von fluktuierenden Stromproduzenten (Photovoltaik, Wind) durch schnell stromproduzierende Reservekraftwerke / Reservekapazitäten bereits laufender Kraftwerke aus weit entfernten Regionen gedeckt werden könnten.

Der Vorteil wäre, dass es keine „Löcher" im Stromangebot gäbe und Reservekraftwerke nicht in der betroffenen Region stehen müssten. Fluktuierende Stromproduzenten könnten trotzdem gut genutzt werden, was in Angesicht steigender Photovoltaik- und Windanlagen sehr bedeutsam ist.

➔ Mit HGÜ-Leitungen könnten schwankende fluktuierende Stromerzeuger (z. B. Windkraftwerke) und bedarfsbestimmte Stromerzeuger (Gaskraftwerke) in einem Netz mit dem größtmöglichen Vorteil und der größtmöglichen Versorgungssicherheit zusammenarbeiten.

Dieses Modell würde sich national, aber besonders in Kombination mit Strom aus MENA und einem europaweitem Stromverbund lohnen und Strom mit der momentan höchstmöglichen Effizienz und Sicherheit transportieren.

3.4. Politik, Wirtschaft, Gesellschaft: Die Betrachtung wichtiger Faktoren für einen Stromtransfer zwischen EU und MENA [50],[51]

Dass die Technik (i.d.F. Solarkraftwerke) und die natürlichen Bedingungen und Gründe für eine Nutzung des wirtschaftlichen Potentials an erneuerbaren Energien in der Region MENA vorhanden sind, haben die Kapitel 2 und 3 gezeigt. Auch wurde der nötige Ausbau bzw. der Bau des Stromnetzes behandelt.

Technische Machbarkeit und natürliches Vorkommen sowie „offensichtliche" Gründe sind die Grundvoraussetzungen eines jeden Projekts, doch für die Umsetzung müssen viele weitere Faktoren beachtet werden.
Diese Faktoren kommen u. a. aus der Politik, der Wirtschaft und der Gesellschaft, denn hinter jedem Projekt steckt eine Motivation. Sei es ein wirtschaftlicher Wille (z. B. „Gewinne über einen kurzen oder langen Zeitraum"), ein politischer (z. B. „Friedenserhalt", „Verbesserung der ‚Beziehungen'") oder ein gesellschaftlicher/sozialer Wille (z. B. „Steigerung des Lebensstandards").

Für einen möglichen Stromtransfer zwischen MENA und EU muss der Wille aller Gruppierungen in Europa, aber auch im Raum MENA, vorhanden sein. Die Verzweigung vieler verschiedener Faktoren und die aktuellen Umstände (politische Unruhen) in der MENA-Region machen die Betrachtung der Faktoren sehr diffus, weshalb im Folgenden nur einige grobe Faktoren genannt werden.

Wie schon in Kapitel *„3.2. Kooperationsansätze und Kooperationsgründe zwischen EU und MENA"* erwähnt, müssen Ansätze für eine Nord-Süd-Partnerschaft gefunden werden, welche zu einer rechtlichen und politisch sicheren Basis führt. Jene Basis ist essentiell dafür, dass Investitionen getätigt werden.

---

[50] Deutschsprachige Zusammenfassung der englischsprachigen Forschungsstudie: „Trans-Mediterranean Interconnection for Concentrating Solar Power" des Deutsches Zentrum für Luft- und Raumfahrt - Institute of Technical Thermodynamics - Section Systems Analysis and Technology Assessment
[51] Isabelle Werenfels/ Kirsten Westphal: Solarstrom aus Nordafrika. Rahmenbedingungen und Perspektiven. Studie der Stiftung Wissenschaft und Politik. Berlin, 2010. Im Internet veröffentlicht: http://www.swp-berlin.org/fileadmin/contents/products/studien/2010_S03_wrf_wep_ks.pdf. (Zugriff: 28.02.2012 19:32 Uhr)

Diese Investitionen kommen in den meisten Fällen aus der Wirtschaft. Dass die Wirtschaft prinzipiell Interesse an einem Stromtransfer-Projekt hat, zeigt die *DESERTEC*-Initiative. Doch *ist DESERTEC* nur eine Interessengemeinschaft, welche auch auf Partnerschaft mit anderen Wirtschaftszweigen angewiesen ist. Hinzu kommen die anfangs hohen Investitionskosten, welche je nach Größe des Projektes um die 500 Mrd. € hoch sein können.[52]

Daraus folgt, dass eine Umsetzung auch von der Wirtschaft und deren Geld abhängt und die Kosten auf mehrere verschiedene Initiativen und Konsortien verteilt werden müssten. Hierbei ist auch zu beachten, dass Kredite benötigt werden, die entweder von der Politik oder der Europäischen Zentralbank zu Verfügung gestellt werden müssten. Auch eine Teilinvestition der Staaten selbst könnte möglich sein, was die Kostenlast weiter verteilen würde.

Ein sehr strittiger Faktor ist der Preis des Stroms, der in den Studien/der Literatur sehr unterschiedlich angegeben wird. Nicht zuletzt hängt dieser von staatlichen Zuschüssen beim Bau des Kraftwerkes und der Einspeisevergütung nach dem „Erneuerbare-Energien-Gesetz" (EEG) ab.

Prinzipiell lässt sich sagen, dass der importierte Solarstrom ab dem Zeitpunkt der Nutzung, der fertiggebauten Solaranlagen sowie HGÜ-Leitungen wesentlich günstiger wäre, als der Strompreis mit der heutigen, gegenwärtigen Produktionszusammensetzung. Vor der Nutzung gäbe es allerdings eine Investitionsphase (Bau/Ausbauphase), die auch der Verbraucher/die Gesellschaft in Form eines leicht erhöhten Strompreises (gegenüber dem Strompreis des heutigen Strommixes) mittragen müsste. Hier ist zu sagen, dass der Strompreis in den nächsten Jahren egal ob mit, oder ohne Investitionsphase steigen, wird. Für die Gesellschaft bedeutet das, dass sie bereit sein muss, die Jahre während der Investition mehr zu bezahlen, um den Strompreis in Zukunft zu stabilisieren und dann von der früheren Investition zu profitieren.

Die Gesellschaft muss den Umschwung zu zukünftig günstigem und ökologisch produziertem Strom wollen und somit Verantwortung übernehmen. Verantwortung gegenüber der Umwelt, Verantwortung gegenüber den Ländern, die den Umschwung nicht alleine ermöglichen können, und Verantwortung gegenüber all den zukünftigen Generationen.

---

[52] Vgl. Fußnote 47

4. Fazit

„[Ob wir demnächst wieder regelmäßig mit Strom und Wärme rechnen können, wissen wir nicht.] Eins, ja eins ist allen Beteiligten klar. Sie, wir, unsere Eltern, wenn nicht sogar unsere Großeltern haben es verpasst, im richtigen Moment zu agieren und uns um die Zukunft zu kümmern. Chancen und Möglichkeiten gab es genug. Was es nicht gab, war Einigkeit und jemanden der die Richtung vorgab."

Das Ende meines Szenarios basiert auf einer Ansicht, die ich voll und ganz vertrete.

Sie setzte den Rahmen für diese Arbeit, welche zeigen sollte, dass es viele Möglichkeiten für eine optimale Nutzung erneuerbarer Energien gibt, dass der Raum MENA ein unbeschreiblich großes Potential hierfür aufweist und dass einer Umsetzung eines Stromprojekts eigentlich nichts mehr im Wege steht, denn Forschung und Technik sind weit vorangeschritten.

Und doch ist es genau dieses Kapitel - die Umsetzung - welches in meinen Augen am Wenigsten vorangeschritten ist.

Ich kann und werde nicht behaupten, dass eine Umsetzung einfach wäre. Letztlich bin ich aber überzeugt davon, dass keine Hürde zu groß und kein Weg zu weit sein wird, wenn Wille und Engagement vorhanden sind.

Auch ist die Idee einer Kooperation zwischen MENA und Europa in Hinsicht auf die Nutzung des Potentials erneuerbarer Energien eine von wenigen, die schlüssig und zukunftsfähig sind.

Man kann sich natürlich fragen, warum die Politik nichts Konkretes tut, und es den Anschein macht, dass außer Gesetzen nicht viel zu einer Energiewende beigetragen wird. Nicht zuletzt wird mein Eindruck dadurch gestärkt, dass meine Hauptbezugsstudien, welche im Auftrag des Bundesministeriums für Umwelt, Naturschutz und Reaktorsicherheit verfasst wurden und aus dem Jahr 2005 sowie 2006 stammen, schon konkret ausgearbeitete Pläne sowie Analysen beinhalten.[53]

---

[53] Es handelt sich um die Studien: „Trans-Mediterranean Interconnection for Concentrating Solar Power" und „Concentrating Solar Power for the Mediterranean Region" des Deutschen Zentrums für Luft- und Raumfahrt.

Vielleicht gibt es sowas, was man einen Fehler bezeichnen würde. Einen Fehler, der darin liegt, dass es zu viel Uneinigkeit auf europäischer Ebene gibt.

Vielleicht auch darin, dass der Markt der erneuerbaren Energien so vielfältig, divers, und umkämpft ist, wodurch es sehr schwer ist, einen neutralen Standpunkt zu behalten und „das Richtige" zu tun.

Oder einen, der in der Denkweise liegt. Der Denkweise, Verantwortung immer weiter von sich weg schieben zu können. Dabei sollte jedoch allen Beteiligten klar sein, dass Öl, Gas und Kohle egal, wie groß die Reserven sind, keine Energiequellen darstellen, sondern Energiespeicher sind, die begrenzt und eines Tages erschöpft sind.[54]

Unter Einbezug dieser Erkenntnis sollte man etwas ändern wollen, egal ob regional, national oder in einer Nord-Süd-Partnerschaft.

Die Desertec Initiative hat ein Ziel, sie möchte etwas ändern / etwas erreichen, nämlich bis 2050 15 % des europäischen Stromverbrauchs mit Strom aus Nordafrika und Nahost zu decken.[55] Sie ist damit mehr oder weniger auf sich alleingestellt, doch gibt es erste positive Meldungen, wie der konkrete Plan für eine solare Pilotanlage in Marokko und Gesprächen mit u. a. den EU-Staaten, sei es auch erst einmal nur der Finanzierung halber.[56]

Entscheidend ist nicht, wo begonnen, sondern das begonnen wird. Denn *„selbst der längste Weg beginnt mit dem ersten Schritt".[57]*

---

[54] Deutsches Zentrum für Luft- und Raumfahrt. Institut für Technische Thermodynamik. Abteilung Systemanalyse und Technikbewertung: Solarstromimporte aus der Wüste (Fragen zum Solarstromimport)
http://www.dlr.de/Portaldata/1/Resources/standorte/stuttgart/Fragen_zum_Solarstromimport.pdf (Zugriff: 12.03.2012 19:55 Uhr)

[55] Isabelle Werenfels/ Kirsten Westphal: Solarstrom aus Nordafrika. Rahmenbedingungen und Perspektiven. Studie der Stiftung Wissenschaft und Politik. Berlin, 2010. Im Internet veröffentlicht: http://www.swp-berlin.org/fileadmin/contents/products/studien/2010_S03_wrf_wep_ks.pdf. (Zugriff: 28.02.2012 19:32 Uhr)

[56] Frankfurter Allgemeine Zeitung: Desertec. Strom für Europa aus der Wüste Marokkos. http://www.faz.net/aktuell/wirtschaft/desertec-strom-fuer-europa-aus-der-wueste-marokkos-11516422.html (Zugriff: 06.03.2012 20:41Uhr)

[57] Lao Tse (~ 600-400 v. Chr.)

5. Anhang

5.1. Definition Absorber

„Ein Absorber dient der Aufnahme einer Welle, eines Teilchens oder eines Partikelstroms. Durch dieses „Aufnehmen" wird beim Durchtritt jener Strahlung - durch die Materie des Absorbers - Energie in Form von Wärme frei.
Diese Energie kann anschließend abtransportiert werden.
Das in der Solartechnik eingesetzte Absorberrohr besteht aus einer Leitung, in der das Wärmeträgermedium enthalten ist. Dieses Rohr ist von einem umgebenen Vakuum gedämmt. Zusätzlich kann das äußere Glas, was nötig ist, um ein Vakuum zu erzeugen, selektiv beschichtet sein, was bedeutet, dass Wellen von außen durchgelassen werden, diese allerdings das Innere des Absorberrohrs erschwert verlassen können und somit im Inneren „gefangen" sind."[58]

5.2. Klassifizierung erneuerbarer Energien in Hinsicht auf ihre Stromproduktion

Stromquellen kann man in verschiedene Klassen differenzieren. Während manche Stromquellen rund um die Uhr permanent eine konstante Stromproduktion haben, erzeugen andere Stromquellen sehr wechselhaft Strom.
Ein Beispiel hierfür sind Photovoltaik-Anlagen.
Eine Auflistung zeigt Tabelle 1 „Eigenschaften derzeitiger Stromerzeugungs-technologien".[59], sie entstammt der deutschsprachigen Zusammenfassung der Forschungsstudie „Trans-Mediterranean Interconnection for Concentrating" Solar Power des DLRs und ist ebenfalls in der Studie „Concentrating Solar Power for the Mediterranean Region" zu finden.

---

[58] Übernommen aus: Mütze, Alexander: Hausarbeit. Thema: Solarkraftwerke
[59] Deutschsprachige Zusammenfassung der englischsprachigen Forschungsstudie: „Trans-Mediterranean Interconnection for Concentrating Solar Power" des Deutsches Zentrum für Luft- und Raumfahrt - Institute of Technical Thermodynamics - Section Systems Analysis and Technology Assessment

Hinsichtlich der Kontinuität der Stromproduktion lassen sich anhand der Tabelle folgende Gruppen zusammenfassen:[60]

Photovoltaik und Windkraft sind beides fluktuierende Quellen, die kaum bis gar nicht zuverlässig rund um die Uhr Strom liefern können und keine steuerbare Leistung erbringen. Hier spricht man von einer angebotsbestimmten Stromproduktion. Nur wenn die Wettereinflüsse es zulassen und das Angebot in Form von Sonne / Wind vorhanden ist, kann Strom erzeugt werden.

Nur in manchen Regionen, wo sich die Bedingungen vorhersehen lassen und diese sich nicht abrupt ändern, können Anteile bis zu 30 % der Leistung als sichere Stromproduktion angenommen werden. Diese Werte sind wichtig, um zu ermitteln, wie viel Leistungskapazität zuverlässig vorhanden ist, und somit zu wissen, wie viel Kraftwerke / Kapazitäten für die sichere Deckung des Strombedarfes vorhanden sein müssen.

Eine zweite Gruppe stellen Wasserkraft und Biomasse da, die je nach Lage und Saison zwar Schwankungen aufweisen, aber bedarfsbestimmt Strom produzieren können und somit flexibel einsetzungsfähig sind. Ein gutes Beispiel hierfür sind Wasserkraftwerke an Staudämmen. Je nach Bedarf können sie weniger, bis kein, oder bis zu einer bestimmten Leistungsgrenze mehr Wasser „ablassen". Dies unterstreicht die hohe Flexibilität solcher Anlagen. Biomasse und Wasserkraft können je nach Bauart 90 % ihrer Leistung als gesichert in die Stromproduktion einbringen.

Zu der dritten Gruppe gehören Geothermiekraftwerke sowie konventionelle Kraftwerke und Atomkraftwerke. Unter der Bedingung, dass Solarwärmekraftwerke ebenfalls für den 24-Stunden-Betrieb ausgelegt werden, zählen sie auch zu dieser Gruppe. Alle diese Kraftwerkstypen sind vollständig permanent einsetzbar, bedarfsbestimmt und liefern einen kontinuierlichen Strom. Diese Eigenschaft bezeichnet man als grundlastfähig, was bedeutet, dass sie ein konstantes Stromangebot erzeugen können, auf dem die anderen Stromquellen aufbauen.

Um die Energiequellen sinnvoll und ökologisch zu nutzen, muss man einige Faktoren beachten.

---

[60] Die Klassifizierung der erneuerbaren Energien basiert ausschließlich auf Informationen der Tabelle.

	Leistungsklasse	Leistungskredit *	Kapazitätsfaktor **	Ressource	Anwendungen	Bemerkung
Windkraft	1 kW – 5 MW	0 – 30 %	15 – 50 %	kinetische Energie des Windes	Strom	fluktuierend, angebotsbestimmt
Photovoltaik	1 W – 5 MW	0 %	15 – 25 %	direkte und diffuse Strahlung auf eine entsprechend dem Breitengrad geneigte Fläche	Strom	fluktuierend, angebotsbestimmt
Biomasse	1 kW – 25 MW	50 - 90 %	40 – 60 %	Biogas aus biologischen Abfällen, feste Biomasse aus Holz und Agrarprodukten	Strom und Wärme	saisonale Schwankungen, gut speicherbar, bedarfsbestimmt
Geothermie (Hot Dry Rock)	25 – 50 MW	90 %	40 – 90 %	Wärme aus Gesteinen in mehreren 1000 Metern Tiefe	Strom und Wärme	keine Schwankungen, bedarfsbestimmt
Wasserkraft	1 kW – 1000 MW	50 - 90 %	10 – 90 %	kinetische Energie und Druck aus Laufwasser und Speicherseen	Strom	saisonale Schwankungen, gut speicherbar, auch als Pumpspeicher für andere Quellen
Aufwindkraftwerk	100 – 200 MW	10 bis 70 % je nach Speicher	20 - 70 %	Direkte und diffuse Strahlung auf eine horizontale Fläche	Strom	saisonale Schwankungen, gut speicherbar, Grundlast
Solarthermische Kraftwerke	10 kW – 200 MW	0 bis 90 % je nach Speichergröße und Hybridbetrieb	20 - 90 %	Direkte Strahlung auf eine der Sonne nachgeführte Fläche	Strom und Wärme	solare Schwankungen durch Speicher und Hybridbetrieb ausgleichbar, bedarfsbestimmt
Gasturbine	0.5 – 100 MW	90 %	10 – 90 %	Erdgas, Heizöl	Strom und Wärme	bedarfsbestimmt
Dampfkraftwerk	5 – 500 MW	90 %	40 – 90 %	Kohle, Braunkohle, Erdgas, Heizöl	Strom und Wärme	bedarfsbestimmt
Atomkraftwerk	> 500 MW	90 %	90 %	Uran	Strom und Wärme	Grundlast

Tabelle 1: Eigenschaften derzeitiger Stromerzeugungstechnologien * Beitrag zu gesicherter Leistung ** mittlere jährliche Auslastung

Abb. 15: Eigenschaften derzeitiger Stromerzeugungstechnologien

Zunächst unterteilt man die Stromnachfrage in drei verschiedene Gruppen. Die für die Grundlast eingesetzten Kraftwerke stellen die Last bereit, die zu jeder Uhrzeit garantiert benötigt wird und somit unterhalb des Minimalverbrauches liegt. Die Mittellast wird von Kraftwerken gedeckt, die bedarfsbestimmt arbeiten und bei niedrigerem Strombedarf abgeschaltet oder gedrosselt werden, da die Mittellast meist nur tagsüber benötigt wird. Die Spitzenlast wird meist in den Mittags- und frühen Abendstunden benötigt. Hierfür werden besonders schnell leistungserbringende, bedarfsbestimmte Kraftwerke benötigt, die ausschließlich für die Abdeckung der Spitzenlast betrieben werden.[61]

Diese drei Lastentypen bleiben auch bei der Versorgung mit erneuerbaren Energien gleich. Da aber manche Energiequellen fluktuierend sind und somit oftmals nicht für eine Kontinuität sorgen können, müssen immer genug bedarfsbestimmte Kraftwerke vorhanden sein, die von der Leistung her auch in der Lage wären alleine genug Strom zu produzieren und somit den gesamten Strombedarf abzudecken, wenn kein Strom aus den fluktuierenden Stromquellen kommt.
Dies ist auch der Grund, warum in der Tabelle für Photovoltaik zum Beispiel 0 % für den Leistungskredit eingetragen sind, denn mit dieser Technik kann man keine Stromproduktion garantieren.

Beispiel: Photovoltaikanlagen können nachts kein Strom produzieren.

---

[61] Grundlast, Mittellast, Spitzenlast. http://amprion.net/grundlast-mittellast-spitzenlast (Zugriff: 28.02.2012 20:22 Uhr)

Die Herausforderung für die Energieversorger und Politik besteht in den nächsten Jahren nun darin, dafür zu sorgen, dass auch die erneuerbaren fluktuierenden Stromquellen im deutschen Stromnetz integriert werden und keine Windräder stillstehen müssen, weil aufgrund der Schwankungen in der Stromproduktion der Windanlagen stattdessen gleich Gaskraftwerke angeschaltet werden.
Denn daraus resultiert, dass es für diesen Zeitpunkt einen ungenutzten Überschuss an potentieller Energie gibt. [62]

→ Deswegen erfordert das Integrieren „schwankender" Stromquellen ein Netz, in dem ausfallende Energiequellen ohne einen Netzzusammenbruch nahtlos durch andere ersetzt werden können sowie Rechenmodelle, mit denen man die Stromerzeugung dieser fluktuierenden Stromquellen simulieren kann und somit im Vorhinein weiß, mit wie viel Leistung zu rechnen ist. Nach dem heutigen Stand sind fluktuierende Stromquellen nur begrenzt nutzbar. Ein weiterer Ausbau wäre zwar für manche Tageszeiten von Vorteil, doch müssen immer ausreichend Reservekapazitäten vorhanden sein. Auch kostet das Anschalten dieser Reserven viel Geld, da diese erst auf Betriebstemperatur kommen müssen und die gesamte restliche Zeit keine Erträge für den Betreiber bringen.

Eine Lösung bietet die Speicherung von Strom (Pumpwasserspeicher, neue Technologien) mit einer ausreichenden Bereitstellung von Potentialen (Staudämme), welche eine Regulierung durch zeitliche Überbrückungen von „Stromlöchern" darstellt. Oder ein Ausbau des Stromnetzes mit zum Beispiel HGÜ-Leitungen, was den Grundstein für eine Internationalisierung des Strommarktes legen würde [Regulierung durch Infrastruktur und optimaler Verteilung].
Es bleibt abzuwarten, wie die Politik und die Energiewirtschaft auf den fortschreitenden Ausbau erneuerbarer Energien reagieren werden und ob entsprechende regulatorische Maßnahmen ergriffen werden.

39

---

[62] Detlef Grumbach: „Grundlast ist altes Denken!" http://www.dradio.de/dlf/sendungen/hintergrundpolitik/1436236/ (Zugriff: 28.02.2012 20:24 Uhr)

5.3 Bildmaterial

Abb. 1: Photovoltaik-Kraftwerk

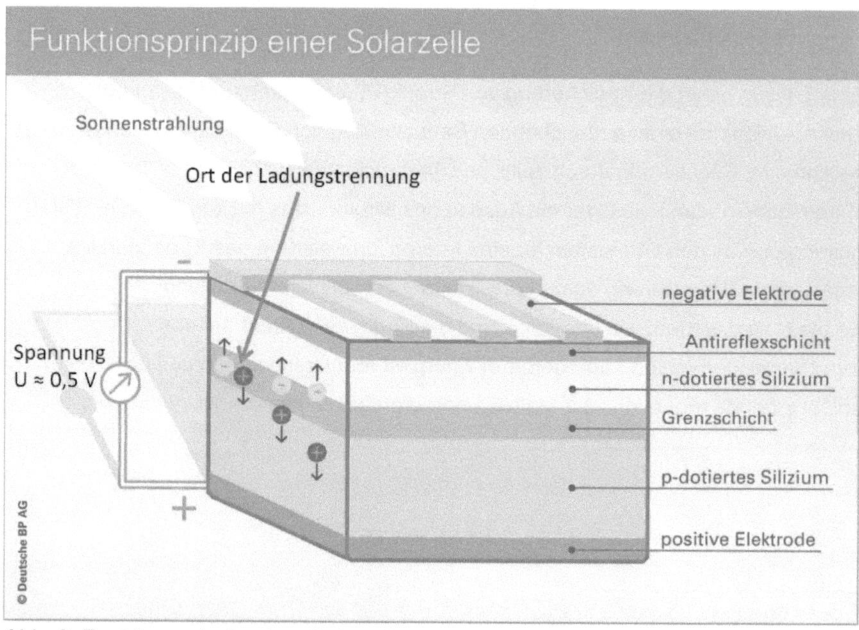

Abb. 2: Funktionsprinzip einer Solarzelle

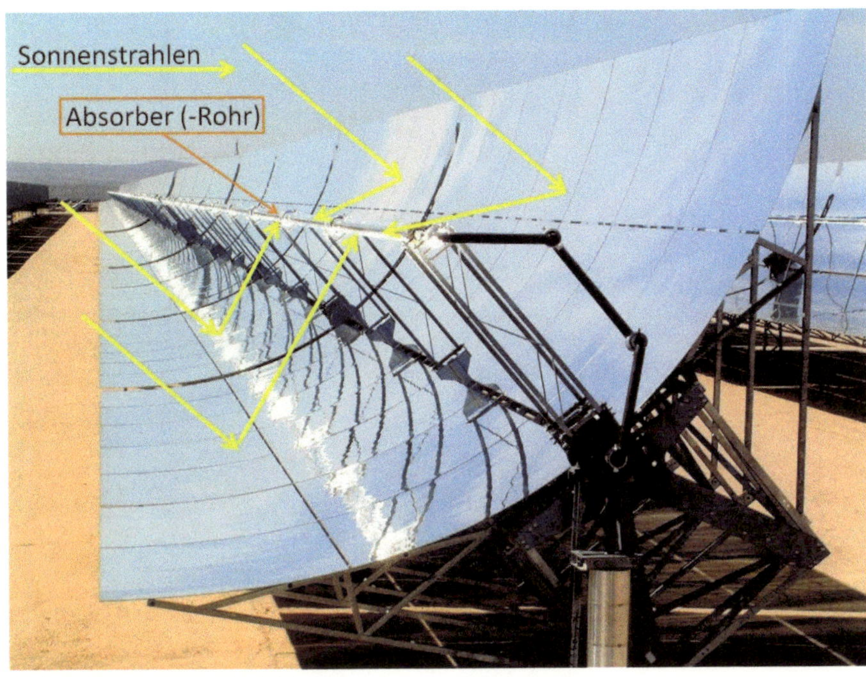

Abb. 3: Parabolrinnenkollektoren

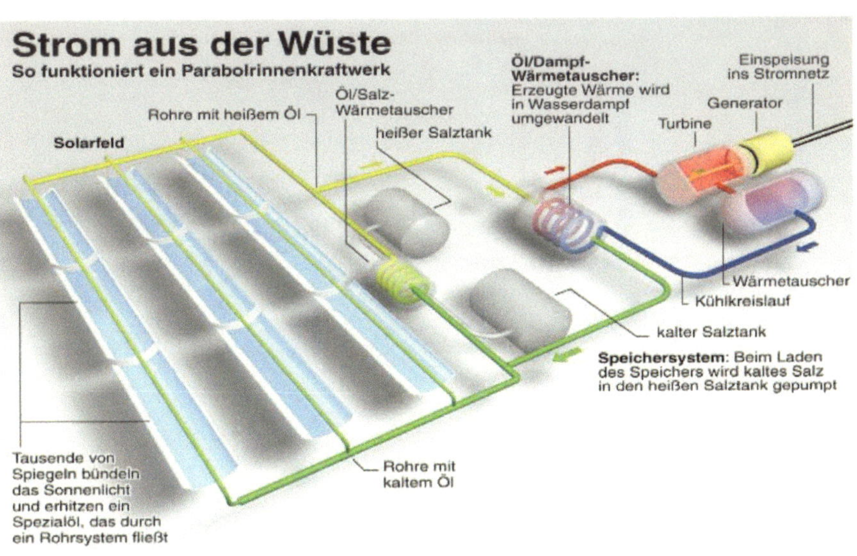

Abb. 4: Aufbau eines Parabolrinnenkraftwerkes

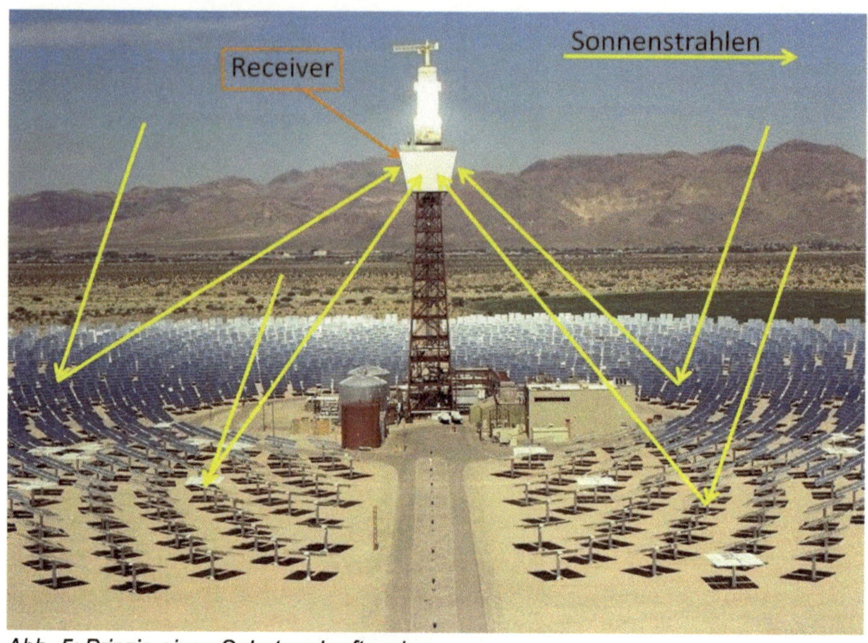

Abb. 5: Prinzip eines Solarturmkraftwerkes

42

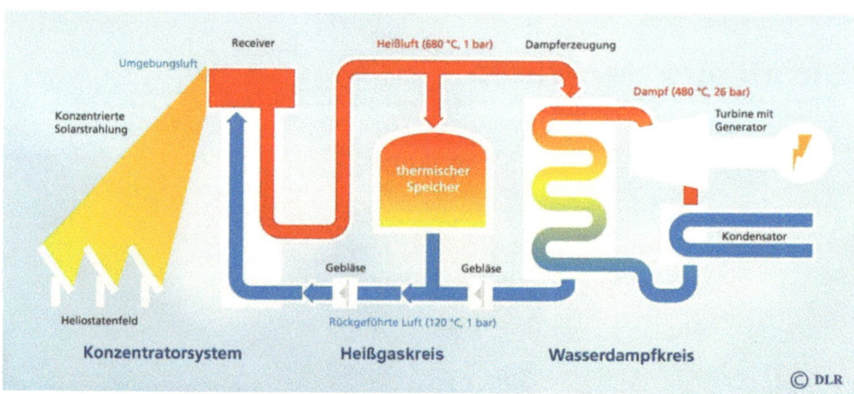

Abb. 6: Aufbau eines Solarturmkraftwerkes

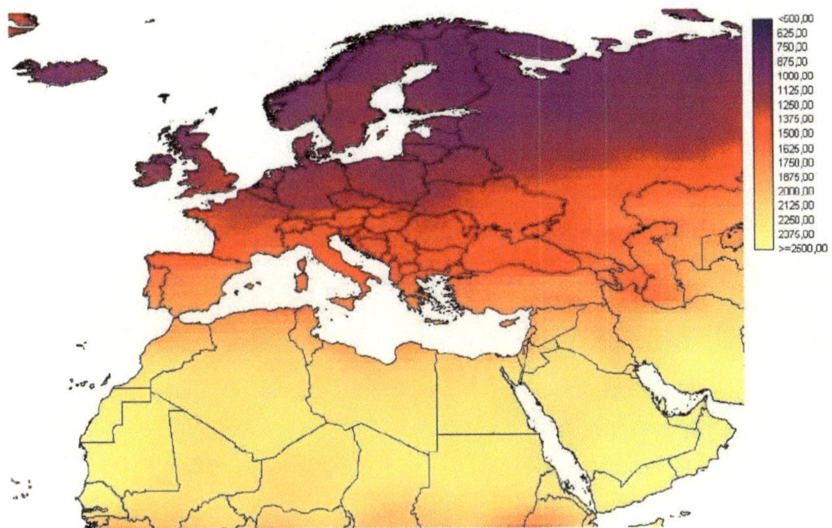

Figure 3-12: Annual Global Irradiation on Surfaces Tilted South with Latitude Angle in kWh/m²/year
Source: Prepared by DLR with data from /ECMWF 2002/ for /WBGU 2003/

Abb. 13: Die Verteilung der Globalstrahlung im Raum Europa und MENA

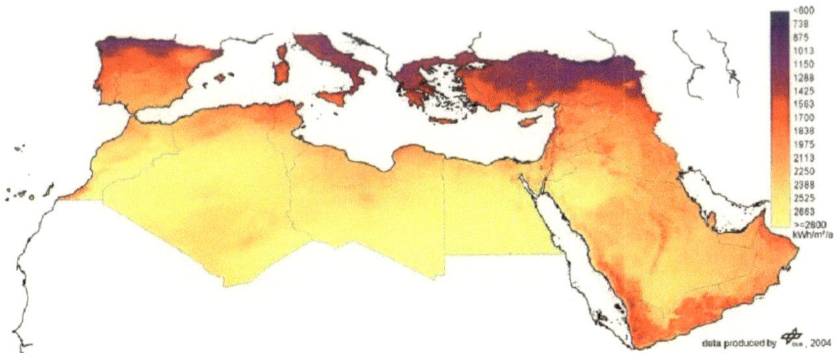

Figure 3-2: Annual Direct Normal Irradiance of the year 2002

Abb. 14: Die Verteilung der direkten Sonnenstrahlung im Raum Süd-Europa / MENA

<u>**6. Abkürzungsverzeichnis**</u>

DLR   Deutsches Zentrum für Luft- und Raumfahrt

EEG   Erneuerbare Energien Gesetz (Bundesrepublik Deutschland)

EU   Europäische Union

GW   Gigawatt

HGÜ   Hochspannungs-Gleichstrom-Übertragung (100.000 – 1 Mio. Volt)

Km   Kilometer

KW   Kilowatt

KWh   Kilowattstunde

MENA   Middle East North Africa (Region Nordafrika / Mittlerer Osten)

MW   Megawatt

TWh   Terrawattstunde

TWh/y   Terrawattstunde pro Jahr (per year)

7. Quellenverzeichnis

Literatur und Sachverzeichnis

Mütze, Alexander: Hausarbeit. Thema: Solarkraftwerke

Schröder, Philipp: Hausarbeit im Seminarfach. Thema: Photovoltaik.
Erklärung, Aufbau und Geschichte einer Solarzelle

Le Monde diplomatique: Atlas der Globalisierung. Original: Paris, 2009.
Deutsche Ausgabe: Berlin, 2009

Bundesministerium für Wirtschaft und Technologie (BMWi) (Hrsg.):
Energiewende 01_2012. Energiepolitische Informationen

Studien

Deutschsprachige Zusammenfassung der englischsprachigen Forschungsstudie:
„Trans-Mediterranean Interconnection for Concentrating Solar Power" des
Deutsches Zentrum für Luft- und Raumfahrt - Institute of Technical Thermodynamics
- Section Systems Analysis and Technology Assessment.
Im Internet veröffentlicht:
http://www.dlr.de/tt/Portaldata/41/Resources/dokumente/institut/system/projects/TRA
NS-CSP-Zusammenfassung_Final-Deutsch_2006_10_13.doc (Zugriff: 01.10.2012
17:39 Uhr)

Deutschsprachige Zusammenfassung der englischsprachigen Forschungsstudie:
„Concentrating Solar Power for Seawater Desalination", des Deutsches Zentrum für
Luft- und Raumfahrt - Institute of Technical Thermodynamics - Section Systems
Analysis and Technology Assessment.
Im Internet veröffentlicht:
http://www.dlr.de/tt/Portaldata/41/Resources/dokumente/institut/system/projects/aqua
-csp/AQUA-CSP-Zusammenfassung_Deutsch-01.doc (Zugriff: 01.10.2012 17:39 Uhr)

Deutschsprachige Zusammenfassung der englischsprachigen Forschungsstudie:
„Concentrating Solar Power for the Mediterranean Region", des Deutsches Zentrum
für Luft- und Raumfahrt - Institute of Technical Thermodynamics - Section Systems
Analysis and Technology Assessment.
Im Internet veröffentlicht:
http://www.dlr.de/tt/Portaldata/41/Resources/dokumente/institut/system/projects/Deut
sche_Zusammenfassung_MED-CSP_03.doc (Zugriff: 01.10.2012 17:29 Uhr)

Deutsches Zentrum für Luft- und Raumfahrt. Institute of Technical Thermodynamics -
Section Systems Analysis and Technology Assessment: „Trans-Mediterranean
Interconnection for Concentrating Solar Power".
Im Internet veröffentlicht:
http://www.dlr.de/Portaldata/1/Resources/portal_news/newsarchiv2008_1/algerien_tr
ans_csp.pdf (Zugriff: 01.10.2012 17:39 Uhr)

Deutsches Zentrum für Luft- und Raumfahrt. Institute of Technical Thermodynamics -
Section Systems Analysis and Technology Assessment: „Concentrating Solar Power
for the Mediterranean Region".
Im Internet veröffentlicht:
http://www.dlr.de/tt/Portaldata/41/Resources/dokumente/institut/system/projects/MED
-CSP_Full_report_final.pdf (Zugriff: 01.10.2012 17:29 Uhr)

Isabelle Werenfels / Kirsten Westphal: Solarstrom aus Nordafrika.
Rahmenbedingungen und Perspektiven. Studie der Stiftung Wissenschaft und Politik.
Berlin, 2010.
 Im Internet veröffentlicht: http://www.swp-
berlin.org/fileadmin/contents/products/studien/2010_S03_wrf_wep_ks.pdf (Zugriff:
28.02.2012 19:32 Uhr)

<u>Internetquellen</u>

Ausbau des Leitungsnetzes stockt. Das Risiko von Stromausfällen wächst.
http://www.stern.de/wirtschaft/news/ausbau-des-leitungsnetzes-stockt-das-risiko-von-
stromausfaellen-waechst-1646242.html (Zugriff: 12.02.2012 13:15 Uhr)

Erdgas-Pipeline durch die Ostsee. Werden wir abhängiger von Russland?
http://www.focus.de/wissen/wissenschaft/klima/prognosen/tid-24116/erdgas-pipeline-
durch-die-ostsee-werden-wir-abhaengiger-von-russland_aid_682281.html
(Zugriff: 12.02.2012 13:18 Uhr)

Öko-Strom-Kosten steigen weiter.
http://www.fr-online.de/energie/strompreise-oeko-strom-kosten-steigen-
weiter,1473634,11152858.html (Zugriff: 12.02.2012 13:26 Uhr)

Solargeschichte. Geschichte der Sonnenenergie.
http://www.sunrent.de/index.php/umwelt/solargeschichte
(Zugriff: 18.02.2012 13:52Uhr)

Geschichte der Solarthermie.
http://www.welivit-newenergy.de/wissen/geschichte-der-solarthermie.html
Zugriff: 18.02.2012 13:53Uhr)

Riegel. Julia: Die Geschichte der Sonnenenergienutzung.
http://www.solarenergie.com/content/view/122/66/ (Zugriff: 18.02.2012 13:55Uhr)

Solarenergie. Grundlagen, technische Entwicklungen, Anwendungen in Deutschland.
http://www.vde.com/de/fg/ETG/Arbeitsgebiete/V1/Aktuelles/Oeffentlich/Seiten/Solare
nergie.aspx (Zugriff: 18.02.2012 13:56Uhr)

Geschichte der Photovoltaik.
http://www.solar-und-windenergie.de/photovoltaik/geschichte-photovoltaik.html
(Zugriff: 18.02.2012 13:59Uhr)

Photovoltaik: Solarstrom und Solarzellen in Theorie und Praxis.
http://www.solarserver.de/wissen/basiswissen/photovoltaik.html
(Zugriff: 17.02.2012 20:28Uhr)

Energiepark Waldpolenz: Das größte Solarkraftwerk der Welt ist in Sachsen.
http://www.oekonews.at/index.php?mdoc_id=1031349 (Zugriff: 17.02.2012 20:30Uhr

Quaschning, Volker: Solarkraftwerke - Konzentration auf die Sonne.
Erschienen in: Sonne Wind & Wärme 10-11/2001 S.74-78.
Veröffentlicht: http://www.volker-quaschning.de/artikel/konzenson2/index.php
(Zugriff: 17.02.2012 20:34Uhr)

NEXTera Energy Resources: Solar Electric Generating Systems.
http://www.nexteraenergyresources.com/pdf_redesign/segs.pdf
(Zugriff: 17.02.2012 20:38Uhr

A.Löffler, P.Baur, A.Heigl, R.Pfister, H.Götz: Solar- und Geothermie.
http://www.pit.physik.uni-
tuebingen.de/studium/Energie_und_Umwelt/ss09/Solar_und_Geothermie_ss09.pdf
(Zugriff: 17.02.2012 20:40 Uhr)

http://www.solarturm-juelich.de/files/090820_Factsheet.pdf
(Zugriff: 17.02.2012 20:42Uhr)

Institut für Elektrische Energietechnik- Erneuerbare Energien an der Technischen
Universität Berlin: Solarenergie 5. Das Temperaturverhalten von Solarzellen.
http://www.user.tu-berlin.de/h.gevrek/ordner/ilse/solar/solar5.html
(Zugriff: 17.02.2012 20:46 Uhr)

Dünnschicht-Photovoltaik: First Solar meldet neuen Weltrekord- Wirkungsgrad für
CdTe-Solarmodule; 14,4 Prozent Gesamtflächeneffizienz durch NREL bestätigt.
http://www.solarserver.de/solar-
magazin/nachrichten/aktuelles/2012/kw03/duennschicht-photovoltaik-first-solar-
meldet-neuen-weltrekord-wirkungsgrad-fuer-cdte-solarmodule-144-prozent-
gesamtflaecheneffizienz-durch-nrel-bestaetigt.html
(Zugriff: 17.02.2012 20:56 Uhr)

National Renewable Energy Laboratory: Concentrating Solar Power Projects. La
Dehesa.
http://www.nrel.gov/csp/solarpaces/project_detail.cfm/projectID=26
(Zugriff: 17.02.2012 20:58Uhr)

Wirkungsgrad.
http://www.solarserver.de/wissen/lexikon/w/wirkungsgrad.html
(Zugriff: 17.02.2012 21:02 Uhr)

M.Keilhacker: 10 Solarthermische Kraftwerke im Süden.
http://www.google.de/url?sa=t&rct=j&q=solarthermie%20bunt%20uni%20saarland%2
0keilhacker&source=web&cd=1&ved=0CDEQFjAA&url=http%3A%2F%2Fwww.uni-
saarland.de%2Ffak7%2Ffze%2FAKE_Archiv%2FDPG2005_Klimastudie_bunt%2F10
%2520Keilhacker-Solarthermie_bunt.doc&ei=ZrM-

T67jFYTGtAb6oIH9BA&usg=AFQjCNEC8KPb1nrN5TyeltH9ZYqTAAQjgw&cad=rja
(Zugriff: 17.02.2012 21:12Uhr)

Auswärtiges Amt Bundesrepublik Deutschland. http://www.auswaertiges-
amt.de/DE/Europa/Aussenpolitik/Regionalabkommen/EuroMedPartnerschaft_node.ht
ml (Zugriff: 28.02.2012 19:22 Uhr)

Desertec Foundation.
http://www.desertec.org/de/organisation/ (Zugriff: 28.02.2012 19:25 Uhr)

Cerstin Gammelin: Klimaziele der EU. Die Erfolgsformel 20-20-20
http://www.sueddeutsche.de/politik/klimaziele-der-eu-die-erfolgsformel--1.180192
(Zugriff 28.02.2012 19:49 Uhr)

Pressemitteilung des Europäischen Parlamentes: "20-20-20 bis 2020": EP debattiert
Klimaschutzpaket.
http://www.europarl.europa.eu/sides/getDoc.do?pubRef=-//EP//TEXT+IM-
PRESS+20080122IPR19355+0+DOC+XML+V0//DE (Zugriff: 28.02.2012 19:52 Uhr)

BDEW Bundesverband der Energie- und Wasserwirtschaft e. V. Erneuerbare
Energien und das EEG: Zahlen, Fakten, Grafiken (2011).
http://www.bdew.de/internet.nsf/id/3564E959A01B9E66C125796B003CFCCE/$file/B
DEW%20Energie-
Info_EE%20und%20das%20EEG%20%282011%29_23012012.pdf
(Zugriff: 28.02.2012 19:54 Uhr)

Deutsche Energie-Agentur: Weltenergieverbrauch. http://www.thema-
energie.de/energie-im-ueberblick/daten-
fakten/statistiken/energieverbrauch/weltenergieverbrauch.html
(Zugriff 28.02.2012.20:16 Uhr)

Wasserstofftransport. http://h2works.org/de/inhaltliches/wasserstofftransport
(Zugriff: 28.02.2012.18:36 Uhr)

Dr.-Ing. Thomas Jordan. Skript zur Vorlesung über Wasserstofftechnologie.
http://www.hysafe.org/download/1206/Wasserstofftechnologie_160707.pdf
(Zugriff: 28.02.2012.18:38 Uhr)

Handelsblatt: Daimler und Linde wollen Wasserstoff-Tankstellen bauen.
http://www.handelsblatt.com/unternehmen/industrie/automobilindustrie-daimler-und-
linde-wollen-wasserstoff-tankstellen-bauen/4245390.html
(Zugriff: 28.02.2012.18:40 Uhr)

Schäfer, Daniel: Solarthermie. Physik und Technik der Solarthermie in Afrika.
http://geb.uni-giessen.de/geb/volltexte/2009/6731/pdf/SdF_2008-02-11-15.pdf
(Zugriff: 28.02.2012.18:44 Uhr)

Strom aus Wind ist genug da. Die Leitungen reichen nicht!.
http://www.european-circle.de/greenmag/greenmag/datum/2012/01/18/die-leitungen-
reichen-nicht.html (Zugriff: 28.02.2012 18:47 Uhr)

Grundlast, Mittellast, Spitzenlast.
http://amprion.net/grundlast-mittellast-spitzenlast (Zugriff: 28.02.2012 20:22 Uhr)

Detlef Grumbach: „Grundlast ist altes Denken!"
http://www.dradio.de/dlf/sendungen/hintergrundpolitik/1436236/
(Zugriff: 28.02.2012 20:24 Uhr)

Deutsches Zentrum für Luft- und Raumfahrt. Institut für Technische Thermodynamik.
Abteilung Systemanalyse und Technikbewertung: Solarstromimporte aus der Wüste
(Fragen zum Solarstromimport)
http://www.dlr.de/Portaldata/1/Resources/standorte/stuttgart/Fragen_zum_Solarstrom
import.pdf
(Zugriff: 12.03.2012 19:55 Uhr)

Frankfurter Allgemeine Zeitung: Desertec. Strom für Europa aus der Wüste
Marokkos.
http://www.faz.net/aktuell/wirtschaft/desertec-strom-fuer-europa-aus-der-wueste-
marokkos-11516422.html (Zugriff: 06.03.2012 20:41Uhr)

Bilderverzeichnis

Abb. 1: Funktionsprinzip einer Solarzelle. Bearbeitet nach:
http://www.deutschebp.de/liveassets/bp_internet/germany/STAGING/home_assets/i
mages/solarenergie/karten_grafiken/Solarzelle_18x13cm.jpg
(Zugriff: 01.03.2012 19:57 Uhr)

Abb. 2: Photovoltaik-Kraftwerk.
http://www.publicdomainpictures.net/pictures/20000/velka/photovoltaic-power-plant-
871290688251zay.jpg (Zugriff: 01.03.2012 19:58 Uhr)

Abb. 3: Parabolrinnenkollektoren.
Bearbeitet nach:
http://www.feuerverzinken.com/uploads/media/Parabolrinnenkollektoren.jpg (Zugriff:
01.03.2012 19:59 Uhr)

Abb. 4: „Aufbau eines Parabolrinnenkraftwerkes."
Bearbeitet nach:
http://www.welt.de/multimedia/archive/01133/afristrom_DW_Sonst_1133888z.jpg
(Zugriff: 01.03.2012 20:02 Uhr)

Abb. 5: „Prinzip eines Solarturmkraftwerkes."
Bearbeitet nach:
http://www.fvee.de/fileadmin/bildarchiv/forschungsthemen/solarkraftwerke_und_-
thermie/prbi_sk_dlr_solartwo.jpg (Zugriff: 01.03.2012 20:09 Uhr)

Abb. 6: „Aufbau eines
Solarturmkraftwerkes." http://www.vicerp.de/files/files/Abb6_solarthermKraftw_copyri
ght.jpg
(Zugriff: 01.02.2012 20:05 Uhr)

Abb. 7: „Jahressummen der Globalstrahlung weltweit."
Bearbeitet nach:
http://www.paradigma.de/mediadb/11208073/11208074/Globalstrahlung-weltweit.jpg
(Zugriff: 01.03.2012 18:26 Uhr)

Abb. 8: „Yearly sum of direct normal irradiance."
Bearbeitet nach:
http://angebot-photovoltaik.eu/joomgallery/img_originals/ strahlungskarten_und_
sonneneinstrahlung_4/strahlungskarte-weltweit_20091221_1141892193.jpg
(Zugriff: 19.02.2012 13:45Uhr)

Abb. 9-14: Entnommen aus: Deutsches Zentrum für Luft- und Raumfahrt. Institute of
Technical Thermodynamics - Section Systems Analysis and Technology
Assessment: „Concentrating Solar Power for the Mediterranean Region".
Im Internet veröffentlicht:
http://www.dlr.de/tt/Portaldata/41/Resources/dokumente/institut/system/projects/MED
-CSP_Full_report_final.pdf (Zugriff: 01.10.2012 17:29 Uhr)

Abb. 15 : Entnommen aus: Deutschsprachige Zusammenfassung der
englischsprachigen Forschungsstudie:
„Trans-Mediterranean Interconnection for Concentrating Solar Power" des
Deutsches Zentrum für Luft- und Raumfahrt - Institute of Technical Thermodynamics
- Section Systems Analysis and Technology Assessment.
Im Internet veröffentlicht:
http://www.dlr.de/tt/Portaldata/41/Resources/dokumente/institut/system/projects/TRA
NS-CSP-Zusammenfassung_Final-Deutsch_2006_10_13.doc (Zugriff: 01.10.2012
17:39 Uhr)